做个情趣高雅的浪漫女人

张熙妍◎著

中华工商联合出版社

图书在版编目(CIP)数据

做个情趣高雅的浪漫女人 / 张熙妍著. –北京：
中华工商联合出版社，2017.8
ISBN 978-7-5158-2071-2

Ⅰ.①做… Ⅱ.①张… Ⅲ.①女性-修养-通俗读物
Ⅳ.①B825.5-49

中国版本图书馆 CIP 数据核字(2017)第 188627 号

做个情趣高雅的浪漫女人

作　　　者：	张熙妍
责任编辑：	吕　莺　张淑娟
装帧设计：	芒　果
责任审读：	李　征
责任印制：	迈致红
出版发行：	中华工商联合出版社有限责任公司
印　　　刷：	北京高岭印刷有限公司
版　　　次：	2017 年 10 月第 1 版
印　　　次：	2017 年 10 月第 1 次印刷
开　　　本：	640mm×960 mm　1/16
字　　　数：	260 千字
印　　　张：	15
书　　　号：	ISBN 978-7-5158-2071-2
定　　　价：	38.00 元

服务热线：010-58301130
销售热线：010-58302813
地址邮编：北京市西城区西环广场 A 座
　　　　　　19-20 层,100044
http://www.chgslcbs.cn
E-mail:cicap1202@sina.com(营销中心)
E-mail:gslzbs@sina.com(总编室)

工商联版图书
版权所有　侵权必究

凡本社图书出现印装质量问
题,请与印务部联系。
联系电话:010-58302915

前 言

PREFACE

1

　　女人大都喜欢浪漫，大多数女人都不会拒绝浪漫，而是欣赏浪漫、渴望浪漫。浪漫是女人的一种情怀、一种情意、一种情调、一种情绪、一种情趣，甚至是女人终其一生的情结。像一句贴心的话语、一个温柔的眼神、一个关爱的举动、一杯淡淡的清茶，都是浪漫的表现。

　　有的女人的浪漫是与生俱来的，有的女人的浪漫则是后天培养的。像秀发永远整洁清香，像服饰永远大方得体，像鞋面永远纤尘不染，像举手投足的优雅与雍容，就连眼里的笑也带着的淡淡的恬静与自信。

　　浪漫的女人善良、低调、聪明、有内涵、有修养，她看得透世事，善于用简单来对待复杂。她不搬弄是非，学不会饶舌；她与人为善，更不会刁难他人。她懂得感恩，也容易被感动。

　　浪漫的女人懂得尊重，不势利，无论面对的是谁，她识人的标准不是看对方的财富或者社会地位，而是看对方的心性、知识、品德和素质。她喜欢善良的人、真诚的人、纯朴的人、聪明机灵但没有坏心肠的人；她欣赏优雅的人，欣赏淡泊世事的人，欣赏可以在平淡生活中享受人生乐趣的人，也欣赏举重若轻的人。

浪漫的女人观念不陈旧，她喜欢接受新鲜事物，喜欢阅读，喜欢大自然，喜欢在旅行中沉淀心情、释放自我，也喜欢偶尔过一段"小资"生活，品一杯咖啡、尝一道美食，甚至喜欢穿一身性感衣裤，恰到好处地散发出成熟女人的芬芳。

浪漫的女人与年龄无关，更多的是一种平和而热烈的心境，是一种面对现实的态度，是一种积极的生活方式。浪漫是一种成熟的幸福女人的生存方式和为人处世的态度，好像一本书，也许没有过分美丽精致的封面，没有用来制造卖点的扉页和序言，但读后却会有所收获、有所感悟，给人一种快乐而轻松的感受。

2

有一首歌，名字是《最浪漫的事》："我能想到最浪漫的事，就是和你一起慢慢变老，一路上收藏点点滴滴的欢笑，留到以后坐着摇椅慢慢聊。我能想到最浪漫的事，就是和你一起慢慢变老，直到我们老得哪儿也去不了，你还依然把我当成手心里的宝。"

如果说，女人大都喜欢浪漫，那么，男人也大都喜欢浪漫的女人。浪漫的女人往往让男人着迷，也让男人爱恋。

浪漫是女人的一种性格、一种审美倾向、一种生活方式、一种行为习性，也是女人经营爱情和婚姻的"法宝"，没有浪漫的爱情如荒野，没有浪漫的婚姻如枯井。

浪漫是河边携手，柳下吟诗；浪漫是雨中漫步，雪里寻梅；浪漫是"月上柳梢头，人约黄昏后"；浪漫是夜窗剪烛说软语，红袖添香夜读书；浪漫是春天里的情动，秋日里的相思；浪漫是相聚后的眼泪，分别后的牵挂；浪漫是平日里的问候，节日里的鲜花；浪漫是下班后回到家的一个拥抱，两瓶啤酒，三盘炒菜；浪漫是上班前的一个亲吻，两句叮咛，三条短信；浪漫是健康时的打情骂俏，病痛时的煎汤熬药；浪漫也是得意时的快乐分享，失意时的痛苦分担。

情趣和浪漫，最吸引人。女人应该懂得营造生活、懂得营造浪漫，培养自己多方面的兴趣，让琴棋书画走入自己的生活，为自己的生活增加色彩。女人也应该善解人意，懂得适时撒娇，为爱情增添"保鲜剂"。

3

女人就像一坛酒，芳香醇正，沁人心脾。而一个有情趣的浪漫女人，仿佛一坛酿了又酿的老酒，有种独特的神秘感，引人回味。

情趣不仅仅是饱览诗书，通晓琴棋书画，更重要的是有一种内在的气质，有一种内涵，它是一种聪明的展示、是处世技巧的灵活、是丰富经验的积累、是面面俱到的思考。

浪漫不仅仅是花前月下，你侬我侬，更是滋润心田的甘泉，是成功喜悦时的激励，是心灵受伤时的抚慰，是每个人一生的珍藏。

即便你华年不再、容貌无光，也请不要忐忑恐慌、手足无措。你要知道，再怎样倾国倾城，最终都会一步步地迈入苍老，我们都会不知不觉地悄然老去，光彩不再。

浪漫是不分年纪的，时间可以消磨女人青春的红颜，却消不去女人经历岁月的积淀之后焕发出来的美丽。这是真正的美丽，是女人的内涵、修养与智慧的集合，它就像秋天里弥漫的果香一样，由内而外散发出来。

当我们把自己活成最轻的烟、最纯的酒、最淡的茶时，就可以用一点点的澄澈、一点点的温度，去沉淀这人世间的纷纷扰扰，去品咂这风浓风轻、雨急雨疏！

目 录

CONTENTS

第四章　优雅韵味，于举手投足的细节中深藏　　/ 81

　　奥黛丽·赫本在给女儿的遗言中说道："若要有优美的嘴唇，要讲亲切的话；若要有可爱的眼睛，要看到别人的好处；若要有苗条的身材，要把食物分给饥饿的人；若要有美丽的头发，要让小孩子一天抚摸一次你的头发；若要有优美的姿态，要记住走路时行人不止你一个。"

　　女性要优雅精致，须注重细节，即使到楼下扔垃圾，也应该赏心悦目。

第七章　我能想到最浪漫的事，就是和你一起慢慢变老　　/ 171

相爱时要珍惜，在爱情中，不要过于计较得失，岁月赠予你无限繁花，爱将成为生生世世的延续，千回百转遇到的这个人定是你最终的归属。

第八章　闲情逸致，养一片浪漫的春光在心底　　/ 203

女人们，请带着诗意的心灵上路，拥有闲情逸致，养一片浪漫的春光在心底，活得简单些，活得自由些。

第一章

❋

打扮自己是情趣，
更是对自己的宠爱

　　对现代女性而言，服饰装扮可谓是一门说不完、道不尽的功课，它是个人形象的重要展现。合适的衣饰能令人"顾盼生辉"，不合适的衣饰则可能令人"黯然失色"。

“衣橱私语”：着装是一门艺术

得体的穿着不仅可以让女性更显美丽，还可以体现出女性与众不同的魅力。穿着不止体现了女性的审美情趣，更是其气质和内在素质的无言的“名片”。有品位的女人，无论穿什么衣服都是“锦上添花”。会穿衣的女人，能将衣服穿出格调，使自己看上去更加迷人。

正所谓“云想衣裳花想容”，女人如花，衣服是她们的“第二皮肤”。对女性来说，衣服的造型和制作，追求的是独具匠心，选择衣服须确立自己的着装风格，从而演绎出一种令人难忘的个人风情。

思琪的相貌在单位女同事中并不算出众，但老总每次外出谈判或出席宴会，总会把她带在身边。渐渐地，思琪在这些场合中锻炼出高超的处事能力，后被老总提拔为副总经理，成了老总的得力助手。

思琪的成功令人艳羡。她的好朋友来“取经”，她什么都没说，只是把好朋友带到家里，让好朋友参观了她的衣橱。

思琪的衣橱体积并不大，里面却有序地挂着各式各样的衣服。衣橱下边，整齐地排列着十多双以冷色系为主的高跟鞋、靴子和休闲运动鞋。衣服和鞋子都很干净，也无褶皱、异味，可见打理之用心。

好朋友瞬间明白思琪入职几年就稳步高升的原因所在了。

着装得体，是女人提升自我魅力的最基本要求。着装是一门艺术，也是人自身智慧的一种体现。每个女人都应该拥有一个衣橱，里面包罗各种款式、适用于不同场合的衣服、鞋子、皮包，让自己的每次亮相都独具魅力，拥有万千风情。善于打扮自己的女人，会渐渐形成自己的风格，或如油彩画般明艳，或如水墨画般清雅。

兰丝丝是单位里公认的最会穿衣的女人。她精心选择质地优良的合身衣物——不一定价格昂贵，但一定最适合自己。有时她也会买名牌，只要穿着合适、价位合理，她便不吝掏钱买下。

精心挑选的衣服，再经巧妙细致的搭配，使兰丝丝成为公司甚至街头的一道亮丽风景。

大方得体、超群出众的衣着，不仅让丈夫对兰丝丝赞不绝口，更让兰丝丝成为单位里的潮流引领者。

"三分样貌七分打扮"，可见衣着对人的影响。尤其对女人来说，服饰更是关乎女人漂亮美丑的重要因素。合适的衣服穿在合适的人身上，必会带来妙不可言的效果。

有句话叫"女为悦己者容"，女性的穿着打扮不光是为了自己，更是希望在心仪的男士心里留下美好的印象。因此，学习如何穿衣打扮很重要。着装并非一件简单的事，要想树立自己美好的形象，就要学会根据场合选择着装，让自己成为一个穿着得体的女人。

（1）舞会上的着装

舞会上，女人要让自己的着装显得光彩照人。

参加舞会，女人应选择富有弹性的衣服，这样自己能够伸缩自如；衣服颜色应偏于鲜艳，还要有点个性，比如，活泼鲜艳的衣服上加素花边；穿无袖或无肩带的裙子时，可戴长手套，但舞会开始时，要记得脱下长手套。

（2）宴会上的着装

宴会上，女人要让自己的着装显得美丽高贵。

宴会常常是一个华丽的场所，女人应以美丽高贵的姿态出现于此，因而，选择一款精致的礼服很重要。传统精美的旗袍、简单大方的礼服、带蕾丝花边的长裙，都能让你显得美丽高贵，成为宴会上引人注目的对象。

（3）面试时的着装

面试时，女人要让自己的着装显得稳重大方。

面试时，应给人一种稳重大方的印象，故选择衣服要以庄重为主，颜色应以单色为宜，比如，黑色、灰色、白色、米色、深咖啡色都是不错的选择。如果你喜欢穿裙子，则应保持腿部线条和身体曲线的美。袜子的颜色应和肤色接近，最好比鞋的颜色浅。当然，也可选择长裤，而直筒长裤更显干练。

（4）办公室的着装

办公室里，女人要让自己的着装显得清爽干练。

作为职业女性，应给人清爽干练的印象。办公室不是时装发布会，千万别穿得太随意或太前卫，否则，会给别人留下浮躁浅薄的印象。另外，职业装质地要优良，低劣的面料、粗糙的裁剪，会令人质疑你的品位和工作能力。

（5）约会时的着装

约会时，女人要让自己的着装显得温柔可爱。

约会时的着装比较随意，颜色可选柔和的粉红色，也可选淡米色，还可配上可爱的饰品，更显天真可爱。如果约会对象是男友或老公，则可打扮得多点"女人味"——穿一套色彩柔和的连衣裙或一件低胸装，会更显风情万种。

（6）婚礼上的着装

婚礼上，女人要让自己的着装显得清新随和。

如果你参加别人的婚礼，一定要记住：无论你多么漂亮，都别让自己的风头盖过新娘。明智的做法是穿得清新、随和些，可以穿丝质的长裤套装，配胸花，选择鞋跟高度适宜的高跟鞋。

（7）在家中的着装

在家中，女人要让自己的着装显得随意舒适。

在家中，女人穿衣可随意一些，但随意不等于不修边幅。居家过日子，女人的着装应以舒适为主，比如，穿舒适、宽松亮丽、款式新颖的棉质衣服，这样家会因你而变得更温馨。

即便天生丽质，也不能素面朝天

英国作家巴里说："魅力仿佛是盛开在女人身上的花朵。有了它，别的都可以不要；没有它，别的都管不了事。"女人的魅力，源自气质、修养、内涵、才智等多个方面。俗话说"没有丑女人，只有懒女人"，女人要想魅力四射，必须克服懒惰，注重化妆和打扮。

所谓"三分人才，七分打扮"，天生条件不好和上了年纪的女人，经由适度的装扮，一样可以展现出与众不同的风采。反之，自我放弃、懒得花工夫打理外表的女人，才真的是和美彻底"绝缘"了。

婚后，艾丽丝每次外出都是素面朝天，因几次不大不小的"打击"，她已放弃了自我打理。一次逛商场时，她经不住美容师的劝说，去美容院做了美容。自从结婚生孩子后，亲朋好友无不半开玩笑地称她为"小妈妈""黄脸婆""中年妇女"，她也渐渐认为自己已经年老珠黄，连化妆的信心都没有了。

这次偶然进了美容院，面膜、眼贴、精油、按摩……好不容易做完，一出门，偶遇一位很久不见的朋友，对方竟惊奇地拉着艾丽丝的手说："多年没见，听说你都生了孩子，怎么还是这么年轻漂亮啊?"

艾丽丝心里像喝了蜜一样甜。回到家里,老公也有些发愣:"老婆,你今天好漂亮啊,干净、阳光,很久都没见你这么漂亮了……"

艾丽丝赶紧跑到卧室,对着镜子看了又看,她发现原来自己还是漂亮的,只要好好打理仍然很有魅力。

这件事给了艾丽丝极大的信心,她不再每天早上匆匆洗漱后就为孩子做早餐,而是提前20分钟起床,在浴室里仔细地洗漱梳妆,洗面奶、爽肤水、精华素、乳液、乳霜、穿衣搭配……从头到脚不放过每个细节。

同事和朋友们发现了艾丽丝的改变,见面都要夸她几句,老公更是对她赞不绝口。艾丽丝变得越来越自信,也越来越美丽了。

宋玉在《登徒子好色赋》中这样描写倾国倾城的美人:"天下之佳人莫若楚国,楚国之丽者莫若臣里,臣里之美者莫若东家之子。东家之子,增之一分则太长,减之一分则太短,着粉则太白,施朱则太赤。"

女人的美丽不仅在于天生,更是整体妆容的效果。好的妆容是女人用智慧和修养精雕细琢出来的。若想做个让人眼前一亮的美女,任何时候都要注意自己的妆容,让化妆成为自己的一种习惯。这种习惯一旦养成,不但可以留给他人一种美好的印象,同样可以显示出自己健康积极的心态,增加自己的快乐和信心,魅力自然也就增强了。

一眼倾城的妆容令人倍觉完美,但这并非一件容易的事,仅略懂一些化妆方法远远不够，只有花时间练习常规的化妆技巧，才能应用自如。

第一步：粉底

粉底是女人的"第二肌肤"，能给女人绝好的脸色，是彩妆发挥神奇效果的基础。涂抹粉底时，要注意涂抹均匀，尽量把黑眼圈和雀斑遮起来。然后，再刷一层薄薄的散粉，你的脸色会变得更加自然。

选择粉底时，须选择与肤色接近的颜色。选择的粉底不宜太白，否则会有"浮"的感觉。

涂抹粉底时，不宜涂抹过厚，可用拍打的手法，在脸上薄施一层即可。需要注意的是，发际与颈部的粉底要自然过渡，以免产生"面具"似的感觉。另外，涂抹粉底前，最好先在脸上涂抹营养霜，等营养霜完全吸收后再上粉底，如此可保证均匀的上粉效果。

第二步：修眉

眉毛高挑，往往能显示出女人的柔媚和韵味，但在职场、办公室，以眉形稍粗、眉峰稍锐为佳，这样可凸显女人的能干与精明。如果眉毛比较杂乱且眉梢向下，需要用眉钳拔掉杂毛，再用小剪刀修剪出清晰的眉形。

第三步：睫毛

眼睛是"心灵之窗"，也是女人妆容的点睛之笔；而眼睛能否起到画龙点睛的效果，很大程度上取决于睫毛。可用睫毛刷蘸点睫毛膏，然后从睫毛根部开始左右刷，再往睫毛梢处刷，这样一来，睫毛的根部由于有足够的睫毛膏会自然卷翘，双眸会像放电般充满神采。

第四步：腮红

腮红可把女人的脸部轮廓衬托得愈发娇俏，恰到好处地展现出一个女人柔美动人的特质。一般来说，腮红有以下三种：

第一种是花瓣形腮红：刷时自中心往外延伸，既显天真可爱，又带些娇羞，可使女人显得亲切可人，容易亲近。

第二种是贝壳形腮红：需由下往上、由长变短，沿脸颊斜刷，可使脸庞显得瘦长。

第三种是扇子形腮红：由眼部开始，从中间往下刷，像慢慢打开扇子那般。这种腮红可使眼睛炯炯有神。

第五步：红唇

除睫毛外，唇部是女人妆容的另一个点睛之笔。想体现双唇的丰满和性感，不妨先用唇线笔勾一个诱人的唇形，再涂上亮莹莹的唇膏，让闪烁的光泽营造出魅力四射的气质。也可以先涂唇膏，再抹点唇彩，显现出柔润的诱惑。

第六步：香水

出门前，不妨喷点香水。走在大街上、地铁里，定会有人因这芳香而放慢脚步。

第七步：笑容

女人最美的妆容是微笑。如果不懂微笑示人，纵然日日都有完美妆容，也无法展现自己的魅力。

无论工作还是休闲娱乐，都别把表情固定化。可以微笑，也可以大笑，但千万别板着脸。如此，精致合宜的妆容配上笑容绽放的表情，你自然会魅力四射！

❀ ❀ ❀ ❀

配饰，细节深处显风姿

浪漫的女人必善于装扮自己，哪怕小小的配饰，在她们身上也会大放异彩。饰品对于女人的点缀，可谓其审美品位和生活质量的聚集点。"点"和"缀"，把饰品赋予女人的意义准确生动地表达了出来，就像给红花几片绿叶，花儿会被衬得更加鲜艳、生动一样。

饰物之于装扮，就如装潢之于房子，能增添美感。饰物配合体态、脸型与服装，更能凸显女人的整体美感和魅力，颇具画龙点睛之妙。

饰物之于女人，绝不等同于简单的包装。看女人的配饰，便可以洞悉她内心世界的一部分。

当下，是一个开发和塑造美的时代，也是重视艺术生活的时代。现代饰物艺术为人们提供了系统考虑、灵活运用、多样排列组合的可能性，使有限的饰品在不同的配合中产生丰富的艺术效果。而高明的打扮艺术可赋予饰物这门"性格化"的艺术以人生更深刻、更丰富的情感体验和审美享受。

因此，女人在选购配饰时要尽量体现出自己的审美观，使挑选的配饰能丰富服饰的表达力、提炼服饰的主题、衬托自己的气质，并表达出自己的审美情趣。

1.帽子

对于优雅的女人来说，一项帽子也可能是她们的"制胜法宝"。奥黛丽·赫本喜欢各种各样的帽子，尤其是帽檐偏宽的，可以把她的脸庞衬得娇小可爱，突出优美的脸形。她在《窈窕淑女》和《蒂凡尼的早餐》里戴帽子的形象至今被许多人效仿。

挑选一项适合自己的个性、脸形、身材和发型的帽子，无论走在大街小巷还是乡间田野，都会平添几分优雅的风情。那么，女性该如何选择适合自己的帽子呢？

（1）帽子应与脸形相配

长脸形女性，宜选方圆、尖形或有大帽檐的帽子，不宜戴高帽顶的帽子；尖脸形女性则戴圆形帽最好，不宜戴鸭舌帽。圆脸形女性，以选长顶帽或宽大鸭舌帽为佳，不宜戴圆形帽；方脸形除方形帽外，可戴其他任何形状的帽子。

戴帽的方法也应与脸形相配：尖长脸形的女性宜把帽子戴得平正，使脸显得丰满些；方圆脸形的女性，不妨将帽子斜戴，使脸显得尖长些，增添几分秀气；长脸形的女性则应把帽檐下压，以调整脸部比例。

（2）帽子应与发型相配

整套服饰中一定要有帽子搭配时，最好选择清爽利落、易于打理的发型。此外，头发上不可有太多的发饰，也不要做太复杂的发型或盘头。

（3）帽子颜色应与肤色协调

灰白皮肤的女性，不宜选择色泽艳丽的帽子，宜用纯度不高的中间色帽子，如玉白、石绿、褐色、淡紫等。白皮肤的女性，帽子适宜的色彩较多，但由于肤白易给人柔弱感，选帽子时应避免用白色或相近色。黄皮肤的女性，不宜戴黄色、绿色的帽子，而以深茶色、葡萄紫、蟹青色、米灰色等为宜。皮肤较黑的女性，在选择色彩鲜艳的帽子时，应注意着装的整体效果，不可将艳丽的色彩只用在帽子上，还应在其他部分搭配相应饰物作为呼应，以保持整体风格的色彩。

（4）根据形体选择帽式

身材高大的女性，不宜戴高筒帽，帽型不宜过小。身材矮小的女性，帽型则宜小不宜大，更不宜戴平顶宽檐帽或绒毛长的皮帽。帽子与衣服同质同料，可延伸视线，增加视觉高度。帽子与衣服色差较大，则会令人的个子显得矮小。此外，帽子还须与服装款式及其他饰物相协调。例如，选择帽子时要注意与眼镜的造型、图案、颜色等相协调。

2.丝巾

女人可以没有昂贵的钻石或时装，但一定要拥有适合自己气质的丝巾。奥黛莉·赫本曾说："当我戴上丝巾时，我从没有那样明确地感受到我是一个女人、一个美丽的女人。"在她站在罗马大教堂高高的台阶上将一条小丝绸手帕在颈间随手一结之际，万道光芒都在因她翩翩起舞，整个世界仿佛都成了春天。

选择丝巾时，要注意以下几点：

（1）丝巾的颜色

因为丝巾佩戴时最贴近脸部，所以须谨慎挑选丝巾的色彩以衬托肤色。单色丝巾，只要将其贴近脸部，看看与脸色是否相配即可。混合冷暖色相间的丝巾，最好用与肤色相同色调的部分，把最美好的一面充分展示出来。

丝巾的颜色还要与衣服的颜色相配。

单色丝巾有三种配色方法：一是同色系对比搭配法，如素色衣服搭配素色丝巾；二是不同色系对比搭配法，如紫色配黄色、黑色配红色；三是采用相同颜色、不同质感的搭配方式。

混合色丝巾的配色方法，一般是印花丝巾搭配素色衣服，这样既可保持典雅、端庄、知性的整体风格，又可增加服装的活力和时尚气息，还可通过优质的丝巾品质提高服装的品位和档次。丝巾上至少要有一种颜色和衣服的色彩相同，以达到相互呼应和调和的作用。当衣服和丝巾上都有印花时，花色必须有"主""次"之分，一般应以丝巾印花为"主"，衣服印花为"次"。如果衣服和丝巾都有不同方向的印花，则不要同时使用。

（2）丝巾的图案、面料与大小

图案：典雅型的女性比较适合传统保守的印花，如草履虫图案、小的几何图形、规则的条纹、格子等。轻松自然型的女性适合简单的条纹、格子、小的规则几何图案等。艺术型的女性适合大胆的主题和图案，包括花朵、动物、人物、几何、抽象派图案等。浪漫型的女性则适合浪漫的花朵印花、女性化的主题以及细腻的线条等。

面料：如果你的穿着打扮是保守中流露出典雅、高贵，丝绸材质的丝巾将是最好的选择。如果你很浪漫，想表现出女人味，可选择质地轻柔的丝巾，如真丝、雪纺纱材质，可显出娇媚的美感。常穿衬衫、牛仔裤的女人，应选择舒适轻软的棉、麻丝巾，更能突出帅气的一面。如果想尝试大胆、前卫的风格，一条亮泽耀眼的特殊质感的丝巾，会营造出意想不到的效果。

大小：对于身材娇小的女性来说，慎用过大、过长的丝巾，否则会显得头重脚轻。而体型高大的人则尽量少用太小的丝巾，以免看起来不够大方。

（3）丝巾的几种系法

端庄式：一条白丝巾，一端打结，另一端重复两次穿过那个结。如此佩戴丝巾，会令女性看上去端庄秀丽，倘若配上盘发、绿色上衣，会更显漂亮大方。

恬静式：黑底碎花的长丝巾，两端交叉后，其中一端向前绕过，简单的佩戴方式，再配上清爽的短发和白色的上衣，会显得文静贤淑、清纯美丽。

奔放式：藕荷色的轻薄丝巾，在胸前打一个大蝴蝶结，结上别一个精美的小饰物，若配上潇洒的乱妆和蘑菇头或浪漫飘逸的披肩长发，着红色上衣，一定会令人感觉热情奔放、充满青春活力。

甜美式：选一条浅色的方块小丝巾，折成三折绕颈打结，再将一端窝起再结一次，配上一条黑亮的辫子，穿上浅红色上衣，就会显得娇柔甜美。

西部牛仔式：小方丝巾折成三角形，向颈后围绕，两端交叉绕回颈前，穿进丝巾扣，将丝巾扣向上推至颈部，合上扣环，整理即成。若配以夹克装、运动装，会显得自由奔放。

一条恰到好处的丝巾，不仅可使整体形象统一、协调，达到锦上添花的效果，还可以将与面部不相称的服装颜色隔离，达到局部美丽的效果。善用丝巾，你就会成为一道亮丽的风景。

3.首饰

如果说情趣高雅的女人像绽放的花朵，首饰则是花瓣上那不可或缺的晶莹露珠。首饰可增添女人的气质，使其变得高贵，只要选择的款式和色调合适，就会让你魅力四射、光彩照人。

佩戴珠宝须注意的是：切忌同时戴许多类似的东西。变化各种首饰的搭配，能在视觉上产生亮眼的效果。有些女人喜欢同时佩戴很多首饰，如此一来，常常不是改善而是削弱自己原来的形象了。

4.手袋

女人的手袋，体现着她的生活品位和生活态度。从某种程度上说，手袋是女人的身份象征。

作为职业女性，手袋除须与上班时的衣着搭配协调外，还要拥有足够的空间来容纳平时随身携带的物品，如手机、钱包、钢笔、记事本、纸巾、化妆品等。因此，要求手袋既具有合适的空间，还要款型大方、简洁、精致，故经典皮质包是最佳选择。

晚宴手袋，可以是丝绸的，也可是缎面或天鹅绒的，如果预算充裕，最好不要吝啬。多买几个颜色、式样不同的手袋，用来搭配衣饰更显别致，尤其是金色、银灰色、宝石蓝等漂亮夺目的颜色。

休闲手袋，从质感、品位、特性来看，只求体现平凡生活的质量与品位。朴素的印花棉布、藤竹草的强烈质感、木环提手的质朴、带异域风情的苏格兰格子以及散发出民族风情的图案，都可诠释出自然的淳朴宁静和恬淡温情。

此外，不能忽视手袋与服饰的互相搭配。若是皮质手袋，要注意皮质和皮鞋配套，颜色风格要与所穿服装协调。比如，穿一套风格朴素的服装，却挎着装饰华美的皮包，会给人喧宾夺主、"只见手袋不见人"的感觉。

5.腰带

佩戴腰带的学问很大。宽腰带适合身材高、腰部瘦、体形纤细的人佩戴。个子娇小的人系细腰带，腰带颜色最好与衣服颜色相配。腰粗的人，最好不要系宽粗的腰带。上身长的人，可系稍宽的腰带；上身短的人，最好将腰带系在低腰处。

6.丝袜

穿上品质上乘的丝袜，仿佛让双腿有了第二层肌肤。它既可以很好地修饰肌肤的质感和腿部的线条，也可作为服装的补充，给人一种视觉上的美感。

丝袜最适用的颜色是透明的素色。素色的好处在于低调且品位上乘，易与服饰的颜色搭配。选择肤色丝袜时，要以手臂内侧而不是手背来测试丝袜的颜色，因为手背肤色通常比腿部肤色要深。黑色的丝袜也很实用，穿着深色服饰和黑色鞋子时，黑色丝袜可将服饰和鞋完整连贯起来，易于表现整体的造型效果。通常，透明素色丝袜可强调和突出腿形和肌肤感，而黑色丝袜更利于服饰的连接和过渡。其他颜色的丝袜搭配难度较大，要慎重选用。彩色或镂花丝袜可以给休闲套装增加有趣的个性，适合年轻的女孩，但最好不要作为精致服装的配饰。对于优雅、成熟的女性，不建议选择过于新潮的丝袜。

通常，穿露脚趾或露脚跟的凉鞋时，一般不用穿丝袜，但前提是你要对自己腿部肌肤的完美程度有足够的把握。最不可取的是穿短裙、凉鞋时，穿一双短筒的或脚尖、脚跟处有加固处理的丝袜，那样看上去像是把小腿分成了两截，视觉上不好看。

丝袜的穿着方式也要讲究，尤其是黑色的透明丝袜，穿的时候要拉得服帖均匀，腿才会"着色均匀"。有这样一种说法："穿丝袜要有一种仪式感。"因此，穿丝袜时，应该修剪好指甲或戴上纯棉的手套，将丝袜轻轻地套上足尖，一寸一寸地往上延伸，直到无皱无折地与皮肤完全贴合。优雅地穿丝袜的过程，也是女人体验美好情调和细腻情感的过程。

❋ ❋ ❋ ❋

明眸善睐，别让岁月爬上你的眼睛

"前世五百次回眸，换得今生的一次擦肩而过。"席慕蓉的诗，曾迷倒无数少男少女。

被法国男人誉为"永远至爱"的苏菲·玛索，有一双清澈、忧郁的褐色眼睛。这位"法国最漂亮的女人"，兼有西方人的性感、东方人的神秘，浑身散发出迷人的气息。

眼睛是心灵的窗户，而明眸善睐的美丽女子最容易吸引异性的目光。

要做到明眸善睐，就须精心照料你的眼周肌肤。

眼睛不仅可以显示人的内在灵魂，也是传达肌肤年龄信息的窗口。事实上，脆弱的眼周肌肤在不断承受来自外界的压力——紫外线、可见光、不良生活习惯、污染、彩妆等的同时，往往会导致各种表情纹、皱纹、年龄纹的滋生，令完美明眸蒙上阴影。塑造年轻的眼周肌肤，好比艺术家创作艺术作品，需要精心雕琢、细心呵护。下面介绍一些具体方法：

克服平时喜欢皱眉、眯眼、熬夜等不良习惯。

多喝水，保持体内水分充足。

常吃猪蹄、鸡爪等胶质性物质，保持皮肤的滋润。

适当选用眼霜、眼部卸妆液等眼部护肤品。涂抹眼霜时，手法要柔和，要用无名指轻拍而非涂抹，避免造成细纹频现。平时还要注意对眼部皮肤进行适当按摩。

眼部皮肤不能进行磨砂，以免砂粒损伤柔软的皮肤，更显衰老。可用胡萝卜汁加橄榄油涂敷眼周和眼角皱纹处，并于睡前在上述部位敷以维生素E油剂，以增强皮肤的抗衰力，减少或减轻皱纹的形成与加深。

双眼浮肿时，可用茶叶水或新鲜土豆片敷于眼周，对消除眼部浮肿有一定的功效。

眼睛干燥时，盛一杯开水，闭眼靠近杯口，用热气蒸眼睛（当然不能太热），之后涂上眼霜或做个眼膜。也可以买一瓶抗衰老的化妆水、乳液作为替代品，将其倒在棉片上浸透，再分成均匀的两片，贴在双眼上，之后在上面加一张保鲜膜。

用纱布蘸上酸奶，敷在眼睛周围，每次10分钟，眼周的皮肤就能"喝"饱水。

要预防黑眼圈，须保证充足的睡眠，多锻炼身体，多饮水，促进新陈代谢。注意睡姿，避免长期朝一个方向侧卧，更不要将脸埋在枕头里，以减少眼周被挤压出皱纹的可能性。

烈日下外出一定要戴墨镜。不仅可以保护视力，也可以保护眼周脆弱的肌肤，秋冬季节也不能例外。

此外，推荐一套眼周肌肤的瑜伽操，方法如下：

1.将无名指和中指放于眉毛内外两侧，从眉头往后尾方向轻柔滑过，到眉尾处将肌肤往太阳穴方向轻轻拉起，然后放手，每天重复10次。

2.用无名指轻柔敲击眼部四周，环绕眼部按摩，从眼角处至眼袋部位、太阳穴、眉头下方至鼻部两侧，每天至少做10次。

❀ ❀ ❀ ❀

"闻香识女人"，善用香水

香水，容载的不只是感染人们嗅觉的香气，女人的情绪、风韵、温柔、率真也都隐于其中。

可可·香奈儿曾说："衣着优雅的女人，同时也应是一个气息迷人的女人。"

许多女人都乐于在着装与化妆上巧用心思，来彰显自己的个性与品位。如果说，着装与化妆是一层看得见的装饰，那么混合自己独特体味的香水，则是一层看不见却能融入恣意想象的别样韵味。

都说"闻香识女人"，"零落成泥碾作尘，只有香如故"是婉约动人，"倚门回首，却把青梅嗅"是娇媚多情，"化作春泥更护花"则是缠绵缱绻，可谓各有风情。

香消玉殒的"英伦玫瑰"——戴安娜王妃，生前喜欢搜集世界名牌香水，她对每款香水的历史渊源、香型、适用场合都有独到的见解。婚前，她曾费尽心思通过各种渠道，收集查尔斯王子对香型的喜好，从而选择了王子最喜欢的"迪奥小姐"出席晚宴。这款高质量的香水，初闻是鲜花气味，再闻则极具感官刺激，令人迷恋沉醉。"迪奥小姐"为害羞的戴安娜增强了自信和魅力，让王子在美女丛中、在香芬缭绕的氛围中，寻找迪奥与众不同的神秘味道，从而邂逅了生命中的另一半——"王子与灰姑娘"的传奇就此上演。

玛丽莲·梦露也以自己的生活方式精辟地诠释了香水之于女人的意义。她闪着那双让全世界男人无比痴迷向往的、充满风情的眼睛，用慵懒而富有磁性的嗓音告诉世人："夜间我只'穿'香奈尔5号。"

香水不但使女性形象更趋完美，而且对调节心情作用明显。但是，香水多种多样，哪款适合自己、选用一种还是多种并用，都是需要认真思考的问题。

1.香水与场合

通常来说，职业、社交、休闲运动三大场合中，香水的使用频率较高。场合不同，选用的香型也应有区别。具体来讲，适合职业场合的香气应是知性清新、高雅温柔的。适合社交场合的香气应是性感艳丽、个性饱满的。适合休闲运动场合的香气则应是活力充沛、振奋舒畅、清新愉悦的。

参加学术性会议或讲座、公务性会面，应首选清爽干练香型的香水。这类香水具备知性的优雅，爽朗而不显单薄，留香较久，再搭配样式简洁、色调偏冷的日间装或职业装，可给人良好的视觉、嗅觉效果。

日常工作、学习、休闲、外出游玩，清柔自然的香型堪称优选，再搭配色彩稍明亮、款式较女性化的衣服，可给人清新怡人的美好印象。

出席大型商业谈判、推介会等商业活动，宜选成熟干练香型的香水。这类香水给人强劲、成熟、有活力的印象，再搭配暖色系、热情大方的职业套装，尤以红色或黑色系为佳，能让人感受到气度、果断和力量。

参加夜宴或晚间约会，宜用成熟神秘香型的香水。这类香水的香味醇厚妖媚，适合搭配性感成熟、能展现美妙体态的晚装，给人一种神秘高贵、不张扬的完美印象。

看艺术画展、听古典音乐会，可用温柔浪漫香型，这类香水给人高雅沉静的印象，适合搭配深蓝色或蓝紫色、款式大方的衣服。

打高尔夫球、开露天茶会、野餐时，爽朗自然的香水绝对是不错的选择。这类香水给人如雨后青草地般清新干净、清爽怡人、天然朴实的印象，配上色彩清淡、干净清爽、舒适的衣服，就会呈现出一种享受生活的姿态。

家庭聚会时，温柔浪漫的香型可谓首选。带橙花的甜蜜香味，可给人快乐温暖的印象，配暖色系毛衣或毛毛领衣服及卷曲蓬松的长发，即可显出家的温馨。

参加寒冷的户外运动或需冷静思考、处理公务时，可选清爽干练香型的香水，再配以冷色调、干净利落、偏中性的服饰，以凸显清冷、内敛。

2.香水与季节

除考虑香型和场合外，使用香水还须考虑季节和天气变化对香味散发的影响，在使用量、香型选择上做相应的调整和变化。

在多风、气候较干燥的春季，香味在空气中散发很快，香水应少量多喷，并以幽雅清淡为主。早春可用清新花香型，晚春则宜选清甜的果香型。另外，皮肤易过敏者尽量不要将香水直接喷在皮肤上。

夏季是传统的用香旺季，因气候炎热、空气潮湿，人体易出汗并产生异味，故最宜选用气味清新淡雅、挥发性高、能提神、清淡爽朗香型（植物香、天然草木清香等）的香水。例如，古龙水和给人清凉感的花露水，宜少喷、勤喷，只要常保持令人愉快的淡香即可。一般多喷在发饰上，喷在裙摆边更佳。若味道太过浓烈，则会适得其反。

秋季天高云淡，香水可适当浓些，以喷在鬓边、衣领、手帕上为佳。植物香、清甜果香、乙醛花香都适合，没有太严格的选用禁忌。

冬季气温较低，缺少绿色与生机，浓浓的香氛可减轻寒冷感，此时选择香气浓郁的花香，会给人温暖热烈的感觉。应注意的是，低气温不利于香水的散发，香气挥发慢，但留香时间长，因而每次宜少喷些。

有了明确的香型定位，选购时就可参考以下建议。

（1）挑选香水时不可性急。香气也同醇酒一样，需吸口气好好体验，才能赏其真韵。如果抹在皮肤上，则需30分钟左右才能充分散发。所以不能只去商店嗅几种香水就选好买下。最好的方法是先在手臂内侧试用，之后离开柜台走走，若干时间后再返回。其间可有足够时间体验香味，并品鉴香味散发后的准确味道。

（2）购买时身上不要喷其他香水，不要用有香味的化妆品，也不要同时试闻多款香水，否则会产生嗅觉疲劳。一次最多试闻5种香水即可。

（3）尽可能买品质较好的香水。使用香水的目的是体现品位和愉悦性情，因此，要在自己的消费能力许可的范围内，买最有品质的香水。记住，宁愿花较多的钱买一瓶最好的香水，也不要买多瓶劣质的香水。

（4）是否购买香水应自己决定，不要被同伴或销售人员左右。每个人身体的独特气味与香水混合后会散发出属于自己的香气，同一款香水，喷洒在不同的人身上香气会有差异。所以，适合别人的香水不一定适合自己。

当然，在使用香水时，不能只顾自己的喜好和感觉，而忽略身旁人的感受。公共场合喷洒过浓的香水，就是缺少修养、目中无人的一种表现，要尽可能地避免。

❈ ❈ ❈ ❈

呵护美颈，展现白天鹅般的高贵优雅

优美的颈项是最能体现人的形体美的重要部位之一，总能在轻移顾盼间吸引人们的视线。白皙修长的颈项是形成整体和谐美不可或缺的元素。纤柔颀长的颈项，是女性展露性感的焦点之一。

呵护美颈，有如下方法可供借鉴：

1.每天使用颈霜或紧致皮肤的产品

颈霜或高质量的日霜、晚霜，内含令颈部皮肤紧致、滋润、抗老化的成分，坚持使用颈霜，可预防皱纹提前出现。

2.做美颈体操

整天伏案工作，脖子常感酸痛，常做美颈体操，会有惊人的效果。

第1步：将脖颈充分地前后弯曲，向前要到达胸部，向后也要深深弯曲，尽量让头部和地面达到平行。

第2步：向左右两侧交替转动脖颈，使侧面肌得到充分伸展。

第3步：用头部画大圈带动脖颈，向右转完，再向左转。

第4步：用手掌和指肚部位交替从锁骨向上轻拉至下巴，双手从颈部一侧移至另一侧，每天重复6~8次。

3.为颈部按摩

按摩不仅能舒缓疲劳，而且简单有效。每晚沐浴后涂上少许化妆水和颈霜，再进行按摩。

第1步：将颈霜均匀涂抹在颈部。由下往上，手指稍用力往上提拉颈部中间松弛的肌肉区域。

第2步：中间区域按摩完后，头部侧向一边，双手以指腹施力，从颈部下端往上推揉，直至耳后。

第3步：头部后仰，双手举起大拇指，将下颚处多余的肉往前推至下巴处，再以相同的方法，慢慢向左右耳处移动。

重复以上动作3次。每晚睡前按摩，力度要轻。

4.选择合适的寝具

柔软的床和褥子，睡上去很舒服，可臀部和脊背却因这种柔软而呈"W"形下陷，还会导致脖颈骨前倾。对脖颈来说，仰卧最自然，所以用大枕头最科学。枕头最好稍硬些，最适宜的高度是8厘米左右，摆放在脖颈的凹陷处。

5.冷敷脖颈

如果脖子太劳累，无法灵活转动，可以将盐水冻成冰块，裹在毛巾里，然后放在酸痛的部位，一边画小圈一边冷敷20~30分钟。坚持2~3天，脖颈就可灵活转动了。

6.注重防晒

颈部防晒尤其重要。日间外出时，颈部也应采取防晒措施，如常抹SPF15或以上的防晒霜，以避免被UVA破坏皮肤的真皮纤维组织，出现皱纹或晒斑。

7.不要经常低头

预防颈纹，要注意日常生活习惯。如果常需伏案工作，最好每隔一小时伸伸懒腰和颈部。伸展颈部时，不妨将头慢慢后仰，使颈部有拉紧的感觉，可预防颈纹的出现。

纤纤玉手，是女人隐形气质的流露

手是女性美的重要组成部分。修长、细腻、红润的双手，不仅给人纤柔、灵巧之感，更彰显别样的女性魅力。指甲要修剪得整齐，手要保持干净。

女性的双手有丰富的意蕴，是修养和品位的体现。因此，优雅的女人从不忽视手部保养。

1.清洁

洗手最好用流动的水，选专门的洗手液或有杀菌效果的香皂，耐心细致地揉搓30秒以上。指甲、指尖、指缝、指关节戴戒指等部位也要仔细清洗。此外，还须使用去角质霜，以保持手部肌肤"呼吸"通畅。

2.润手霜

手背的皮肤柔软、细致，比脸颊的皮肤还薄。手心无皮脂腺，不能分泌皮脂，对脂溶性物质的吸收能力差，易脱皮和产生裂纹。因而手心、手背需分开护理。睡前涂上润手霜滋润双手和指甲，然后以小片柠檬按摩手指，用温水清洗后，再涂上润手霜，由指尖开始轻按至手腕，以促进血液循环。

在寒冷干燥的环境中要涂些强力润肤油，尽量少接触冷水和刺激性液体。手背皮肤的护理很讲究，如果手背肌肤有紧绷感或少许细纹，宜用性质温和，含甘油、矿物质的润手霜。如出现肌肤瘙痒、脱屑的现象，可选用含有薄荷、黄春菊等舒缓成分及甘油等滋润成分的润手霜。

3.戴手套

提重物或搬运粗糙物品前，记得戴上厚实耐用的劳动手套；接触洗涤液、洗衣液等刺激性液体时，则需戴胶皮手套；寒冷天气出门时，别忘戴上质地柔软的保暖手套。

4.调理好日常饮食

日常应充分摄取富含维生素A、维生素E及锌、硒的食物，绿色蔬菜、瓜果、鸡蛋、牛奶、海产品、杏仁、胡萝卜，都是不错的选择，都可避免肌肤干燥。同时还要注意补充钙、铜等元素。因为一旦缺钙或缺铜，指甲就会失去光泽，变得脆弱、容易折断。

5.做手指操

当双手休息时，不妨做做手指操。假装弹琴，让手指一曲一张地反复活动；或握拳，再伸开、握拳，反复几次。这样既会让手部关节变得灵活，又可把手形修得更美。

6.按摩

用手指以螺旋状揉搓手背，从小指与无名指开始，依序向大拇指移动揉搓。接着以螺旋状朝手腕上面按摩。然后把手摊平，来回呈圆形揉搓。

7.指甲

先洗掉残余的指甲油，再准备一盆温水和一小块肥皂。将手指浸泡在肥皂水中约10分钟，直到指甲周围的皮肤微微发白。如果指甲根部的皮肤有翘起现象，可用甲皮剪轻轻剪去。用抛光器在指甲表面打磨，去掉沉积的老废角质和洗甲水的遗留物。

8.家中DIY护理

事实上，在家也可享受美容院高档的手部护理。比如，边听好听的CD，边制作适合自己的护手霜。

乳酪特润手霜：含丰富蛋白质、钙质和多种维生素，敷后会立刻感到双手嫩滑无比。准备纯味乳酪一杯，将乳酪涂抹在手背及手指上，约敷15分钟后用温水冲净。

水果手撕手膜：准备鲜榨苹果汁半杯、纯味鱼胶粉1汤匙，然后将材料混合煮至完全溶解，待冷却至半固体状态，再涂一层薄薄的水果胶膜于受伤处敷15分钟，待之变干后撕下，再用温水洗净便可。

❀ ❀ ❀ ❀

注重双足的保养

还记得灰姑娘的童话吗？故事围绕着灰姑娘将她足弓细巧的纤纤玉足嵌进一双晶莹剔透的水晶鞋展开，从此灰姑娘与王子过着幸福甜蜜的生活。你是否也做过灰姑娘的美梦？你又是如何将双足的美丽进行到底的？

1.让双足漫溢香气

回家后第一件事应是将折磨双脚一天的鞋子脱掉，让紧绷受累了一整天的双脚在散发迷迭香精油的温水中得以放松。在水中滴几滴具杀菌、软化角质作用的佛手柑、茶树精油；或加入少许柠檬汁和粗盐，用未完全溶解的颗粒按摩双脚，可帮助双脚清除增生的角质细胞。

2.彻底清洁

浸泡后，用滋润型沐浴乳或香皂把脚洗干净，别忽略了趾甲缝。可用浮石除去角质，别搓揉得过于用力，时间不要持续太久，否则会伤到新露出的幼嫩皮肤。趾缝间的死皮用去死皮刀，把趾部已软化的死皮慢慢搓掉，动作要轻，避免伤到趾甲旁的皮肤；或选择含有颗粒的按摩膏擦洗双脚，然后将双脚彻底洗净。

3.按摩双足

我们的双脚每天要承受全身的压力，少有喘息之机，因而脚部按摩尤为重要。此举不但可舒缓脚部神经，而且脚底是全身经络汇集处，按摩脚底，对舒缓全身同样有效。

买一只按摩器，擦上按摩霜，就能轻松地享受脚底按摩了。

每只脚趾依次按摩3~5次，再用手掌以舒缓的动作带动整个足部肌肉运动，直至表皮红润发热。按摩后，轻轻敷上水分足膜使脚部皮肤晶莹娇嫩。10~15分钟后，用清水洗去足膜。再根据足部皮肤的干燥程度选择适宜的乳液，可用含有薄荷成分的护肤乳液，给双脚清凉的舒服感受，或选择含迷迭香成分的护肤乳液，来促进脚部的血液循环。

每天固定花10分钟，用甘菊精油由下向上、由脚尖向小腿肚按摩双脚，这样不适的肿胀感不久即会消失。

4.巧装扮，秀美丽

形状精巧、色彩别致的美趾甲是性感双足的点睛之笔。首先要修出漂亮的趾甲形状，这是令足部漂亮的基础。用指甲剪修剪出大致的轮廓后，再用指甲挫细致打磨每个趾甲的边缘，使它们更圆润、整洁。

修剪之后，先给趾甲涂一层基础油，这能从根本上防护趾甲免受侵害并保持自然光泽。如须再涂甲油，基础油还可让甲油更易附着且涂层均匀。指甲油颜色丰富，只要根据服饰颜色搭配协调即可。

第一刷应从趾甲正中向趾端刷出，然后依次从趾甲根部按顺序涂满；无须将两边趾甲的边缘都抹严实，留一点白，远观反而会显得趾甲更细巧。较易磨损的趾甲尖要多抹一层，但切忌将指甲油抹得过厚。抹坏了就用洗甲水洗掉重来，千万别一遍遍补救。

同时，可根据自己的喜好及衣饰，选择一条风格不限的好看脚链。

5.穿合适的鞋

夏天，双脚多少会有些肿胀，因此最好买比平时大半号的鞋。千万不要明知道号小，却指望穿一段时间鞋能变"松快"，此举会严重伤害双脚。买鞋最好在下午时段，那时双脚会略有肿胀，是一天中脚最大的时候。穿鞋后如果脚有些突起，说明脚趾受了挤压。要尽可能少穿易使身体失去平衡的高跟鞋，低跟或弹性优良的鞋可让脚底韧带和肌肉得到锻炼。

6.注重防护

脚部在过量运动和高跟鞋的伤害下，很容易受损，所以需要做足准备工作。舒适脚跟鞋枕、护理脚部护垫都可以减轻鞋对双脚的伤害。冬季，双脚受寒被冻后，可于患处涂上含有凡士林成分的药膏，次日即可恢复。

❀ ❀ ❀ ❀

色彩，让女人如花绽放

不同的颜色适合不同的人，色彩与人之间有着微妙的关联。

实际生活中，大多数女性关注的是服饰间的色彩搭配是否适宜，却常常忽略了自身肤色与服饰间的色彩搭配问题。事实上，衣饰搭配得再合宜，倘若与肤色不和谐，效果也会大打折扣。

1.服饰色彩和谐搭配技巧

服饰的美感，并不在于价格高低，而是在于配饰是否得体，是否适合年龄、身份、季节及所处环境的风俗习惯，更主要的是全身色调是否一致，是否可以取得和谐的整体效果。

服装给人的第一印象是色彩。人们经常根据配色来评价穿衣者的文化艺术修养。因而，服装配色很重要。服装色彩搭配得当，可使人显得魅力四射。

恰到好处地运用色彩不但可修正、掩饰身材的不足，而且能突出女性的优点。比如：对于上轻下重的形体，宜选用深色轻软面料做成的裙或裤，以此来削弱下肢的粗壮。身材高大丰满的女性，选择搭配外衣时，也适合用深色。

正确的配色方法，应是选择一两个系列的颜色，以此为主色调，占据服饰的大面积，其他少量颜色为辅，作为对比、衬托或点缀装饰重点部位，如衣领、腰带、丝巾等，以取得多样统一的和谐效果。服装色彩搭配分为两大类：一类是协调色搭配，另一类则是对比色搭配。

（1）协调色搭配

同类色搭配：指深浅、明暗不同的两种同类颜色搭配，如青配天蓝、墨绿配浅绿、咖啡配米色、深红配浅红等，同类色配合的服装显得柔和文雅。

近似色相配：指两个比较接近的颜色相配，如红色与橙红或紫红相配、黄色与草绿色或橙黄色相配等。绿色和嫩黄的搭配，会给人一种春天的感觉，非常素雅，于不经意间流露出娴静的淑女味道。

（2）对比色搭配

强烈色配合：指两个相差较大的颜色搭配，如黄色与紫色、红色与青绿色，这种搭配给人的视觉感受比较强烈。黑、白、灰为无色系，无论与哪种颜色搭配，都不会出现大问题。一般来说，同一个颜色与白色搭配时，会显得明亮；与黑色搭配时则显得灰暗。不要把沉着色彩与更深色调的颜色用在一起。例如，深褐色、深紫色与黑色搭配，这样会和黑色呈现"抢色"效果，令整套服装毫无重点，且服装的整体表现也会显得沉重、灰暗无光。

补色配合：指两个相对的颜色的配合，如红与绿、青与橙、黑与白等，补色相配能形成鲜明的对比，有时会收到较好的效果。当然，黑白搭配是永远的经典。

2.变换颜色，穿出多种风情

（1）白色的搭配原则

白色可与任何颜色搭配。白色下装配带条纹的淡黄色上衣，是柔和色的最佳组合；下身着象牙白长裤，上身穿淡紫色西装，配以纯白色衬衣，同样不失为一种巧妙的配色，可充分显示自我个性；白色褶裙配淡粉红色毛衣，可给人温柔飘逸的感觉；上身着白色休闲衫，下身穿红色窄裙，则是一种大胆又热情潇洒的配色。

（2）蓝色的搭配原则

蓝色服装很容易与其他颜色搭配，深蓝色还具有紧缩身材的效果，极富魅力。蓝色合体外套配白衬衣，再系上领结，神秘且不失品位，适宜出席正式场合。曲线明显的蓝色外套和及膝的蓝色裙子搭配，再以白衬衣、白袜、白鞋点缀，可透出一种轻盈的妩媚气息。上身着蓝色外套和蓝色背心，下身配细条纹灰色长裤，恬然素雅。蓝色外套配灰色褶裙，或配葡萄酒色衬衫和花格袜，色彩明快，个性自我。

（3）褐色的搭配原则

褐色与白色搭配，清纯不失庄重；褐色及膝圆裙与大领衬衫搭配，增添优雅气息；褐色毛衣配褐色格子长裤，雅致成熟；褐色厚毛衣配褐色棉布裙，通过质感差异，可表现出穿着者的特有个性。

（4）黑色的搭配原则

黑色是一种百搭百配的颜色，无论与什么色彩放在一起，都别有一番风情。上身穿黑色的印花T恤，下装着米色的及膝A字裙，脚蹬白底彩色条纹的平底休闲鞋，舒适阳光。或配以低腰微喇的米色纯棉休闲裤，前卫青春，令人印象深刻。

第二章

❋

恋恋风情，
寻找专属于你的那一种浪漫

❋ ❋ ❋ ❋

女人的魅力所在，不外乎精致浪漫、优雅美
丽、婉约温柔、干练帅气、妩媚风情、淡雅飘逸、
清纯自然、慵懒高贵……你是哪一种呢？

✿ ✿ ✿ ✿

做一个风情万种的"百变女郎"

有一种女人，她们有美丽的容颜、秀挺的身姿、飘逸的秀发……你可以说她们气质迷人、惊艳万分、婀娜多姿，但都不如用"风情万种"来形容更为贴切。为什么呢？

因为她们的肢体语言从不放浪形骸，但抬手低头间展现出十足的韵味；她们的眼神和姿态从不轻浮，但一笑一颦间又流露出令人沉醉的妩媚。她们哪怕只是静静地站着或坐着，也是一道亮丽的风景、一首美丽动人的诗篇。这就是"风情万种"——比美丽更胜一筹。

人们熟知的朱莉亚·罗伯茨，是奥斯卡最佳女主角的获得者，有张总是招牌式微笑的大嘴。

朱莉亚·罗伯茨生于美国。童年时，因酷爱动物，她曾有过当兽医的愿望。在好莱坞闯荡的哥哥埃里克·罗伯茨小有成绩时，朱莉亚决心前往好莱坞在表演方面试试。在两部青年题材电影《现代灰姑娘》和《满足》中，她表现突出，并迅速赢得一大批影迷。之后，朱莉亚凭借影片《钢木兰》获得金球奖最佳女配角奖，又博得奥斯卡奖的垂青，荣获当年奥斯卡最佳女配角奖的提名。

朱莉亚的标志性影片《风月俏佳人》，可谓她电影表演事业上的最大突破。该片使她获得奥斯卡提名。此后几年间，朱莉亚接拍了几部题材严肃的影片，但观众们最喜欢看的，仍是她主演的浪漫喜剧电影。

影片《永不妥协》使朱莉亚的演艺事业达到了巅峰，她不仅如愿以偿摘取了第73届奥斯卡影后的桂冠，还荣登"100名最具票房价值的好莱坞女人"排行榜第3位。

在接拍电影《蒙娜丽莎的微笑》时，朱莉亚的片酬高达2500万美元，成为好莱坞片酬最高的女星，被公认为好莱坞最有权势的人物之一，在《福布斯》杂志的"百人权势榜"中列第12位。

走上演艺事业这条路以来，大嘴、红发、长腿的朱莉亚·罗伯茨成功出演了20多部电影。从《风月俏佳人》中爱看卡通梦想着白马王子的风尘女，到《我最好的朋友的婚礼》中挖空心思要抢回昔日恋人的泼辣女，到《逃跑的新娘》中将一个个傻乎乎的男人丢在教堂、独自走天涯的坏女孩，再到《诺丁山》中厌倦了无孔不入的闪光灯、甘愿与平凡男子归隐田园的大明星……朱莉亚·罗伯茨总有办法在多情男女间游刃有余。

生活中的朱莉亚，十分热衷慈善事业。她参加了联合国儿童基金会的慈善救助活动，到访过海地、印度等许多国家。美丽聪明的朱莉亚，也是好莱坞最受欢迎和追捧的影坛才女之一。

有句话说得好："女人的美丽不止一刻，心动不止一面。"女人的魅力必是多种多样的，呈现在众人面前的，一定是不同的惊艳与万千风情。朱莉亚·罗伯茨的魅力在于：有时你觉得她是位光艳四射的影后，有时你又觉得她像你生命中的一位亲切女性——无论台上台下，永远都那么优雅高贵。

风情万种，并非做作姿态或刻意卖弄，而是一种自然流露。它不是一朝一夕可以形成的，而须经天长日久的修炼才能达到。它不只是外形的美化，更是人格魅力的提升。只有内外兼修的女人，才懂得恰到好处的张扬或收敛。

女人要风情万种，不妨把自己的性感展露出来。

性感是成熟女人的标志之一，也是女性魅力的重要指标。性感的极致在于适度展现却不张扬，极具风韵却不轻浮。

女人要学会扬长避短，巧妙地表达性感。性感，要展露得恰到好处，给人若有似无的朦胧诱惑。

女人要风情万种，不妨自己隐隐约约散发香气。

香水是神奇美妙的，可谓是女人的"必备武器"。或温柔美丽、或激情狂野——在香水的点缀下，女人会变得更有魅力、更有韵味。

聪明的女人不会胡乱喷洒香水，因为不同气味的香水需应用在不同的环境和场合。

在密闭车厢、戏院等空气不流通的地方，忌用气味浓烈的香水，以免刺鼻的香味影响他人。在餐厅用餐，过浓的香水会影响食物的味道，会降低别人的食欲。医院里，香水的香味，可能会影响医生和病人的心情。而在下雨天，空气潮湿，香味难散，故选用淡香水为宜。

香水的选择还需考虑场合：喜气洋洋的婚礼上，香味可浓烈点。商务会谈时，以清新淡雅的香水为宜。睡觉时，可在枕头上涂点薰衣草或玫瑰香油，有助于改善睡眠质量。

女人要风情万种，不妨从骨子里透露出一点妩媚。

对聪明的女人来说，"妩媚"的近义词是"温柔"，而不是"妖媚"。笑中带着一点羞怯，不经意间流露出慵懒状，旁若无人地伸个懒腰，像刚睡醒般，压低声音，适当撒娇，表现出温柔和娇滴，就会更显妩媚可爱。

❀ ❀ ❀ ❀

"轻熟女"，最美的一道风景线

"轻熟女"，在有入世态度的同时，也具备出世的情怀——穿透梦幻，直面现实。

30岁的苏婉，自己创办了一家广告公司，是标准的"轻熟女"。她喜欢精致舒适的生活，朋友们都觉得她保养得比实际年龄年轻，而且喜欢思考、与众不同。虽有众多追求者，但苏婉对待爱情和婚姻的态度却从容平和："我觉得女人的整个生活状态应'轻熟'，具备一种气质。当异性第一次见到自己时，会不自觉地被吸引，双方自然而然产生进一步接近和沟通的愿望。"

对于"轻"，苏婉的理解是："一方面外貌青春——这要靠平时努力，不能放松，对服装打扮做小小投资。另一方面则是小女人情怀——即使很独立，但心态上仍保留女孩的浪漫、温和、谦逊。"

关于"熟"，苏婉则认为"是一种独立而协调的状态"。"熟"不是通过与异性的交往养成的，而是来自于对待工作、生活、朋友的心情和态度。在工作中保持独立，有自己的见解；对朋友保持真诚和信用；懂得生活，培养广泛的兴趣爱好和积极乐观的生活态度。

苏婉还指出："很多女人恋爱后太专注爱人，而忽略了自己的世界，于是慢慢失去了自己。即使恋爱火热，'轻熟女'也会留出时间安排和朋友见面交流、做自己感兴趣的事、思考工作上的问题——留有自己的空间，才是维持自身协调更重要的支撑。"

经岁月洗礼后，"轻熟女"身上流溢的满是风情，恰如枝头成熟的果实，极具魅力，也极受眷顾。为什么"轻熟女"让人意乱情迷？因为她们拥有以下特质：

1.风姿

小女生也许靓丽，但风姿却是"轻熟女"修炼多年后散发出的沉香。它模仿不来，学习不像，需要时间的积淀。花朵容易凋谢，果实才可慢慢品尝。

2.女人味

很多人认为，"轻熟女"比小女生更精致，更能打动人心，也比小女生更耐看、更妩媚。其中，关键的一点是"轻熟女"更有女人味——她们的眼神、身体语言更丰富，而且风情万种。

3.气质优雅

"轻熟女"在打击面前，不会失态，不会歇斯底里，永远保持平和、优雅的气质，即使面对自己的"陈世美"，也只有平淡的一句话："你慢走，请把门带上。"

4.独立

"轻熟女"不依赖他人，不靠撒娇赢得自己想要的，而是做让男人无法"一手掌控"的女人。她们不迎合他人，个性独立，看重自己拥有的，而不向他人索取。她们有自己的生活和事业。她们不依靠男人，她们的爱情显得更潇洒。

5.高贵

"轻熟女"稍加修饰，就可现出高贵的额头或发髻，这是小女生无法企及的。

6.体贴

"轻熟女"会宽容人、关怀人，也会约束自己的言行。她们身上蕴含着一种有力量的温柔：博大、积极、温暖人心。小女生也许只会伸出手让别人牵，而"轻熟女"更懂得伸出手，轻拍你肩上的灰尘或为你整理衣领——动作虽简单，却温暖十足。

7.内心丰富

"轻熟女"内心丰富，以气质取胜。鲜花是用来看的，而"轻熟女"的美是用来品的。她们不造作、不包装，气质天然并形成一种氛围，持久地吸引着身边的人。

※ ※ ※ ※

谜一样的女子，由内而外地散发魅力

女人什么时候令人觉得美？是在别人看不清、摸不透的时候——永远拥有神秘感，似梦非梦、似烟非烟。

美丽需要内外兼修，有魅力的幸福女人具有丰富的内在。女人应超越外在美，建立信心和自尊，由内而外地散发魅力。

三毛生于1943年3月26日，本名陈平。三岁时进书房，她生平第一次看了张乐平的《三毛流浪记》和《三毛从军记》，很喜欢。后来她就拿"三毛"作了自己的笔名。

1974年10月6日，台湾《联合报》副刊发表了她的作品《中国饭店》，"三毛"这个文学作者第一次为世人所认识。此后17年，三毛走遍万水千山，将撒哈拉沙漠的苍凉化为异乡的感伤……

三毛最大的魅力在于她的生活方式，这种生活方式对20世纪六七十年代的女性影响最大。1976年，她的作品《撒哈拉的故事》出版，三毛开始走进读者的视野并成为影响未来几代中国女性成长的名字。当时，三毛是崇高的青春偶像，比起现在带来视觉冲击的娱乐偶像，三毛给予书迷们精神深处的鼓舞和震撼。她身上寄托着很多人浪漫漂泊的梦想以及身体力行实现梦想的勇气，成为当时一种诗意生活方式的代表。

三毛在48年的人生旅途中，游历17年，环绕地球15周，从南极到北极，从非洲撒哈拉沙漠到欧美豪华都市，仅重复旅游过的国家就有59个，世界上很多地方和角落都留下了她的足迹。她发表了23部共计150多万字的作品，这些作品被译成英、法、日、西班牙等15种文字，广泛传播，"三毛热"风靡全球。

三毛没有绝色的美貌，却有天生的神韵，以至于很多人都会忽略她容貌上的不足而对她念念不忘。三毛做到了如她所写的："无言是最高的境界，你看，天地不是无言吗？"

远去的三毛已化为书迷心中一道凄美的彩虹、一株永远的橄榄树。曾与三毛有书信往来的贾平凹说："三毛不是美女，高个子，披长发，携书和笔漫游世界，年轻坚强又孤独，对于大陆年轻人的魅力，任何局外人做任何想象来估计，都不过分。许多年里，到处逢人说三毛，我就是其中的读者，艺术靠征服而存在，我企美三毛这位真正的作家。"

《三毛私家相册》的作者师永刚在被问及如何评价三毛时说："三毛是这个时代最后一个波西米亚女人。她以流浪的方式名世，又以决绝的姿态告别红尘。她寻找的世界正在成为一代青年人的标本。她塑造了一个年代的青年偶像，后来者仍在用一切方式模仿她，可她的灵魂永远无法模仿，因为三毛是唯一的。"

三毛的魅力发自内心，不矫情却温暖人心，从她的一字一句中可品味出境由心造的感觉。年轻、坚强又孤独的三毛，对人的吸引力极强——那是天性的流露和魅力的展现。

女人可似桃花灼灼之美，也可如兰芷、梅花，在生活中面对清风寒霜，幽香袅袅、沁人心脾。外表的美是短暂的，像天空中的流星，美则美矣，但一闪而逝，不能长久。有魅力的女人远看雍容华贵，近看温柔妩媚，充满女人味，散发出被岁月雕琢的别样美。

❀ ❀ ❀ ❀

柔情似水，一抹馨香，一丝温柔

温柔是一种无可比拟的美，也是一种强大的力量。温柔有一种无形的力量，能把误解、愤怒、仇恨悄然融化。

事实上，女人最能打动男人的，往往就是她的温柔。温柔是女人特有的，它缓缓地、轻轻地扩散，飘到男人身旁，如绵绵春水一般，不断扩展、弥散，将男人围拢、包裹，让男人感到轻松，有一种归属和温馨的美。

来自"红典国际"的总裁黄淑慧，人称"温柔女强人"。在2004年华裔经济女性影响力论坛上，黄淑慧是风头最劲的女人之一。凭着伶牙俐齿，她让台下其他的巾帼英雄们频频点头赞许。

黄淑慧本可做个幸福的阔太太。她的先生是一位成功的地产商，家中仅物业收租就足以支付所有生活所需。然而，她很不

"安分"，喜欢不断追求精彩的人生。她担任过音乐节目主持人，也做过保险公司业务员，并24个月蝉联全省业绩总冠军。

1993年，一次偶然的机会，黄淑慧接触到清华大学的一项高科技产品——生物波活性棉。她决定将生物波活性棉研制成能改善人类健康的保健产品并应用到纺织产品上。1994年，黄淑慧创立了红典国际股份有限公司，与清华大学合作开发了系列保健产品。1995年，她着手实施国际贸易市场计划，将"红典生物波"产品成功推广至印度尼西亚、马来西亚、新加坡、文莱、泰国等国家，打下行销全球的基础。

现实生活中，有不少女强人在事业成功的同时，失去了家庭的温暖。对此，黄淑慧用自己的经历告诉女人们：女人要强，但必须做一个温柔的女强人。她说："女人要懂得慈悲和温柔。一个女人不仅需要智慧，而且需要温柔。有智慧的女人，知进退，会扮演不同的角色。女人在跟男人互动的过程中，更要懂得谦虚、包容、不逞强。女人要懂得帮男人变化，带他一起学习。"

"我事业刚开始的时候，先生也反对，婚姻甚至差点亮了红灯。经过慢慢沟通，我讲明我要这样做的理由，争取到了他的理解，现在他非常支持我。"黄淑慧不止一次表示："一个女性不只要成功、坚强，还要温柔、健康和美丽。"

黄淑慧说："女人本身的素质没有男人强，所以要懂得用温柔的方式成全自己。"

女人如水，温柔是女人最基本的特质，也是女人最原始的"武器"。

当然，温柔不是矫揉造作。温柔而不做作的女人，知冷知热，知轻知重，和她在一起，内心的不愉快会很快烟消云散，这样的女人是最令人心动的。温柔也不是软弱与驯服，不是屈从他人。不失自信且带有独立的温柔，才是最迷人、最具魅力的。

温柔是一种素质，它自然地流露，藏不住也装不出。温柔是一种感觉，外在的美貌替代不了。温柔并非忸怩作态，也非撒娇放嗲，更不是唯唯诺诺、百般殷勤。温柔，是适时停止夸夸其谈的高论，适时放弃咄咄逼人的攻击。温柔的女人聪明内敛，与之相处会被温柔的气息所感染。

女人可以不美丽、不年轻，但不可失去温柔。一个温柔的女人，到哪儿都惹人怜惜。不管事业成功与否，女性都需重拾温柔的天性，以宽容心待人接物。温柔是最有利的"社交武器"，丰盛的成果往往隐藏在温柔的付出之后。

❀ ❀ ❀ ❀

优雅女人性感的秘密

谁说只有美丽、丰满、野性的女人才性感？最耐人寻味的性感从来都是超越视觉、成于内而形于外的。

说到性感，人们可能会想到打扮妖冶、穿着暴露，但这只是一种感官刺激，是一种短暂的生理诱惑。一个自信、优雅的女人同样也可以很性感——它是一种深层的、可穿越精神的感染力。这种感染力，或是从女人的智慧中迸发而出，或是从女人优雅的谈吐中流露而来。这种性感，不轻浮、不造作、不庸俗、不妖媚、不放荡，而是健康自然、柔情感性。这需要女人具备一定的内涵和品位，懂得生活的艺术和艺术地生活，在举手投足的不经意间展现魅力。

1.性感是一种若隐若现的距离

最性感的女人是什么样的？一定是让男人喜欢却又得不到。他和她之间的距离，是女人保持性感和神秘最好的"道具"。

2.性感是一种从容淡定的姿态

性感的女人，从容淡定，举手投足间自有一种风流意态，使人心神俱动。

3.性感是一种多情敢爱的勇气

多情才会不老，爱美才会年少。女人应多情，但多情并非滥情滥性，它是女人母性温柔的象征。

玛格丽特·杜拉斯曾说："如果有一天我八十岁了，对面走来一个男人，希望他能对我说，八十岁的你比十八岁还漂亮。"事实上，真有一个小她二十几岁的男人，在她年老色衰时爱上她并心甘情愿地陪伴年老多病的她。

4.性感是一种高贵典雅的气质

高贵和典雅是女人性感的必备武器。奥黛丽·赫本就是如此。她不用任何情色，却使得男人为她疯狂。这种性感摸不着、看不见，既有形又无形，是与生俱来的高贵修养。

5.性感是一种亲切和蔼的魅力

亲切的微笑是女人最好的化妆品，它永远不过时，也不用劳神换品牌，更不用心疼又花了多少"银子"。微笑的魅力，超乎你的想象。美国前总统克林顿的妻子希拉里，眼角处有着多道深深的皱纹，可她的迷人微笑传递出的亲切感，让很多人为之倾倒。可见，亲切对女人有多么重要。

6.性感是一种诱惑撩人的举动

性感不是在异性面前的搔首弄姿。在举手投足的不经意间散发出的妩媚，才是致命的吸引。

不经意的咬手指、托腮、把头发潇洒地向后拨、双手轻轻地捧着脸庞、无奈时耸耸肩、交叉双手轻抚着肩头或后颈等，都是令女人显得妩媚动人的举动。

7.性感是一种恰到好处的暴露

优雅的女人，并不拒绝暴露的衣服。暴露不代表女人的品位缺失或自甘堕落。如果参加酒会或舞会，穿一套保守的职业装，才会令人大跌眼镜。有时候，恰到好处的暴露，是迷人的风情、醉人的妩媚，也是撩人的性感、美丽的诱惑。

性感产生的魅力，像一口永不干枯的水井，是永恒的。

❀ ❀ ❀ ❀

学会"撒娇"的艺术

撒娇是一种艺术，也是女人的自然魅力和女人味的气质展现。优雅女人，也要学会撒娇。撒娇，是女人生命里最重要的法宝之一。

著名影星陈好曾说："女人一定要学会撒娇。"谁能想到，她在中学、大学时代一直没有男生追求，这和她"万人迷"的形象相距十万八千里！直到毕业，才有男生对陈好说出个中缘由——你太强了，我们哪敢追你？她这才猛然醒悟："我以前是个特别自立的人，可慢慢发现女人太能干会惯坏男人。所以我建议天下女人内心的自立意识在就好了，外表别太强。男人总需要一种驾驭感，喜欢被小鸟依人般的女人依靠，女人一定要学会撒娇……"

撒娇是人与人之间的一种柔和情愫，是一种亲密的表达，能激起对方的疼爱之情。

一个自以为是的丈夫觉得妻子能力低下，对妻子总是百般指责。一次，丈夫因一件小事不满，一连好几天不给妻子好脸色。妻子实在无法忍受了，就给丈夫写了一封"悔过书"：

亲爱的老公大人：

看到你连续几天生气，我很是心疼和不安，深知自己错误重大，现特向你做深刻检查。我在闺房里反省了一小时八十三分零一百二十秒，喝了一杯白开水，上了两次卫生间，没再化妆，以上事实准确无误，请审查。附上我的检讨报告并请求宽恕。

经过一年多的婚姻生活，我认为老公同志勤奋聪颖，对老婆也疼爱有加，是不可多得的好老公。而妻子我却不够贤惠温柔，无法使老公满意。以下是我对自己恶劣行径的剖析，请老公批评指正：

（1）前几天的事是我的错。你做的红烧肉虽有点咸，但香醇可口，我不该说你浪费盐。我如此求全责备，完全暗藏了嫉妒之心：试想，一道女人都烧不出的好菜，你烧出来了，能不叫我嫉妒吗？

（2）你说喜欢章子怡的时候，我不该随口说喜欢宋承宪，害得你两天不搭理我。仔细一想，我的答案确实不妥——毕竟你的花心还局限于国内，我的却冲到了国外。

（3）星期六你丢了1000块钱，我知道不该埋怨你，换作我，可能另一个口袋里的2000块也保不住给小偷拿去了。

（4）上次你买来一只野生甲鱼，我不该冒充大厨，结果你帮厨时欢呼雀跃，闻味时垂涎欲滴，品尝时却唉声叹气，这对你脆弱的心理而言，实在是个太大的打击，换作任何人肯定都难以承受。

……

丈夫看后被妻子的幽默逗乐了，同时也对自己的行为进行了反思。从那以后，他对妻子多了不曾有的体贴和疼爱。

"撒娇艺术"，其实是古代兵法上的"以柔克刚"。老子认为："天下莫柔弱于水，而攻坚强者莫之能胜，以其无以易之。"简言之，天下没有比水更柔弱的了，但攻坚克强却没有什么东西可以胜过水——因为没什么可改变它柔弱的力量。

有位心理专家说："当女性对老公撒娇时，会让老公有被需要和被在乎的感觉。"事实上，每个女人都应学会适度地撒娇，这是一种能激起对方的怜爱之情的亲密表达。

会撒娇的女人美丽而有女人味，举手投足间，会让男人心动不已。撒娇是女人生活的调味品，也是女人征服男人的撒手锏，所以，女人要学会"撒娇"的艺术。

第三章

❋

妙语连珠，
绽放于唇齿之间的情趣

❋ ❋ ❋ ❋

与美貌相比，出众的口才更是女人脱颖而出的资本。"会说话"的女人，能将自己的智慧、优雅、博学、能力通过口才展示在众人面前，使自己受到众人的喜爱。

❀ ❀ ❀ ❀

女人可以不漂亮，但一定要"会说话"

女人可以不漂亮，但一定要"会说话"。恰当得体、妙语连珠，会为你的形象加分；反之，粗俗浅陋、词不达意，则会使你的形象受损。有些女人是社交高手，她们的好口才，在任何场合都能博得满堂彩，从而提高了自己的人格魅力。

怎样才算"会说话"？只简单、顺畅地表达自己的意思，并不能满足生活、工作及人际交往的种种需要。把自己内心的愿望用别人乐于接受的语言表达出来，话说得优美动听，让听者心情愉快地接受，才是真正的"会说话"。

"会说话"的女人，不仅话说得让他人爱听，还能通过语言的魅力使自己摆脱尴尬，提升自己的个人形象，让自己时时处处受欢迎。

世界知名化妆品品牌玫琳凯的创始人玫琳·凯，就是一个极会说话的女人。她的每句话都能让身边的人感觉舒适、轻松和温暖。

一天，玫琳·凯与朋友一起逛服装店，无意中听到一个金发女孩和一个黑发女孩的对话。

当时，金发女孩正在试穿一件看起来合身又漂亮的衣服。一旁的黑发女孩由衷地称赞："这件衣服真漂亮！不过……没有刚才那件好，那件衣服的扣子尤其出彩。"

金发女孩听后不高兴了："我讨厌那件衣服，扣子尤其难看！"

黑发女孩本来好心提个建议，听到同伴这样说话，也有些生气。她看了金发女孩一眼，不再说话了。两个人谁也不理谁，金发女孩把衣服放下，打算离开。

玫琳·凯把一切看在眼里，她笑容满面地走过去，轻声对金发女孩说："刚才这件衣服你穿上很漂亮，尤其衣服的领子，如果再配一条项链，就更显气质高贵了。"

金发女孩听后羞赧一笑："其实之前那件衣服的扣子也很别致，不过我更喜欢这件衣服的领子。"说罢，她牵起黑发女孩的手，愉快地买下了衣服。

"会说话"的女人往往拥有美好的爱情、幸福的家庭、和谐的人际关系和超强的"人脉"资源。她们往往可以通过良好的口才进一步提升自己的优雅指数，从而变得魅力四射。

美国经济危机期间，约翰的家像许多家庭一样陷入贫困。约翰是家中最小的孩子，他的衣服和鞋子都是哥哥姐姐们穿小了的，到他这里已经破烂不堪。

一天早上，妈妈递给约翰一双褐色的鞋子，脚趾部分非常尖，鞋跟较高，显然是一双女鞋。他虽感到委屈，但知道家里确实没钱为自己买新鞋子，只好就穿这双鞋子去学校了。

快走到学校时，约翰低着头，生怕遇到自己的同学被笑话。突然，他的胳膊被抓住了——只听对方大声喊道："快来看呐！

约翰穿的是女孩子的鞋!"约翰的脸唰地一下红了,他感到既愤怒又委屈。

就在这时,杰瑞丝老师来了,大家一哄而散,约翰乘机回到教室。

上午是杰瑞丝老师的课,她为大家讲述有关牛仔的生活和印第安人的故事。杰瑞丝老师有个习惯——边走边讲。她走到约翰的座位旁边时,突然停了下来。约翰抬起头,发现老师正目不转睛地注视着自己的鞋,他一下子又开始感到无地自容。

"牛仔鞋!"杰瑞丝老师惊奇道,"哎呀!约翰,这双鞋你是从哪里弄到的?"

话音刚落,同学们立刻蜂拥而至,他们羡慕的眼神让约翰一下子变得高兴起来。大家排着队,纷纷要求试穿他的"牛仔鞋",包括先前嘲笑他的同学。

"会说话"的女人,纵然只有只言片语,也能有绕梁三日的效果,让人心生舒泰;哪怕口若悬河,也不会让人生厌,反倒被视为一种享受。

想要让双方在心情舒畅中达成共识,就需要掌握基本的沟通技巧。

1.开口之前先三思

"顺耳"的话,都是想好后说出的。所以,当对方向你说明一个新决定时,不妨先听清楚整件事情的来龙去脉,思考片刻,然后再说:"现在你想听听我的一点建议吗?"也可以说:"想不想听一个和你的想法完全不同的主意?"对方如果表示出想听的意愿,他通常也会将你的话当作重要的参考;如果对方反应冷淡，你不妨选择沉默。

2.别让叙述的口气显得严肃而沉重

向他人提意见时像一个权威专家一般阐述自己的观点，常会让对方感觉压抑，易使对方产生排斥心理，也可能使你们的沟通陷入僵持状态。例如，直接说"你还不如辞职不干了"或"我要是你，我就辞职不干了"，只会给对方增添心理压力，不如换种方式："你是否考虑过换一个职场环境？"也可以说："你不妨先辞职，看具体情况再做打算。"

3.意见中有赞美，减少话语中的"攻击性"

有时你明明是很中肯的话，但对方未必能听到心里去，其中一个重要的原因就是你的措辞过于"咄咄逼人"，不经意间伤害了对方。对此，你可尝试着先真心诚意地认可和赞美对方的某些观点，然后再询问"你确定这个想法是最好的吗？"接着说出自己的想法。如果你的建议最终没被采纳，也不要因此变得愤怒或尖刻，要知道，你的目的是让对方妥善处理问题而不是听从你的想法。

对他人太过直接的批评，会损毁他人的自信，伤害他人的自尊。如果你旁敲侧击，对方知道你用心良苦，不但会乐于接受，还会因此而感激你。故批评他人时，换一种对方易于和乐于接受的说话方式，多赞美，减少"攻击性"，是值得学习的一种技巧。

❋ ❋ ❋ ❋

善于赞美，让你的话令人听来如沐春风

莎士比亚曾说："赞美是照在人心灵上的阳光。没有阳光，我们就不能生长。"心理学家威廉姆·杰尔士也说过："人性最深切的需求，是渴望别人的欣赏。"在人际交往中，适时地赞美对方，会使双方之间的关系变得更加和谐。

几乎每个人都会因来自社会或他人的恰当赞美而感到满足。当我们听到别人对自己的赞美、欣赏，在感到愉悦和备受鼓舞的同时，也会对说话者产生亲近感，从而缩短彼此间的心理距离。

郑香玲是一家汽车经销商的服务经理。近来，公司里有位员工的工作效率每况愈下。但郑香玲并未指责或威胁这位员工，而是请他到办公室，与他进行了一次坦诚的交流。

"胡师傅，你是一位很棒的技工，在现在这条生产线上工作好几年了，你修的车子令顾客很是满意。事实上，很多人都称赞你的技术好。只是最近，胡师傅你完成一件工作所需的时间好像加长了，而且质量也比不上以前的水准。我想，你一定也知道，我对现在的情况不太满意。不过，我们可以一起想办法解决眼下的问题，你认为呢？"

"实在抱歉，若非您的提醒，我还没意识到没有尽到自己的职责。非常感谢您及时指出，我向您保证，我一定会胜任接下来的所有工作！"

就这样，郑香玲轻而易举地解决了员工的工作质量问题。同时，她委婉的表扬还鼓舞了胡师傅，他不仅认真负责地工作了，而且对这样的领导爱戴有加。

可见，如果你想在把话说好、把事办好的同时赢得对方的好感，就需要学会赞美的艺术。

赞美是一种气度和胸怀，也是一份理解和关怀，更是一种智慧和境界。从今天起，学着去发现别人的优点和进步，并试着给予赞美，在赢得人心之余，你自己的每一天也将变得更精彩。

❋ ❋ ❋ ❋

要把话说到别人的心里

与陌生人打交道时，你最好事先对对方有所了解，清楚他的得意之事、感兴趣和关心的事。见面后，你可从对方感兴趣的事说起，迅速打开对方的"话匣子"，消除初次见面时的尴尬气氛。

每个人都有自己引以为傲的事。当你提起对方的得意之事时，对方定会产生浓厚的谈话兴趣，然后滔滔不绝地向你展开讲述，你只需认真倾听，适时提出自己的小小疑惑即可。如此，对方就会在兴奋之余，对你产生好感，从而有利于双方的进一步交流。

伊斯曼是美国柯达公司的创始人。坐落在罗彻斯特的一座音乐堂、一座纪念馆和一座戏院都是由他捐赠巨款建造的。很多制造商想承接这批建筑物内的座椅，彼此间展开了激烈的竞争，但每个找伊斯曼谈生意的商人都失落而归。在这种情况下，一位座椅公司的经理亚当森前来拜访伊斯曼。

亚当森首先见到了伊斯曼的秘书。

秘书对亚当森说："很明显你非常想得到这笔生意，但我要提醒你的是，伊斯曼先生是个大忙人，也是一个严厉的人，你进去之后要快点讲，时间别超过五分钟。"

亚当森笑着说："知道了。"

在秘书的引导下，亚当森走进了伊斯曼的办公室。伊斯曼正在堆满文件的办公桌上忙碌。亚当森不好意思打扰伊斯曼，只好静静地站在那里，仔细地打量起那间办公室。

过了一会儿，伊斯曼抬头发现了亚当森，问道："先生有什么事吗？"

亚当森没有直接回答伊斯曼的问题，而是说："伊斯曼先生，刚才我在静静等待您的时候，仔细观察了您这间办公室。我本人是从事室内木工装修工作的，恕我直言，我从来没有见过装修得这么精致的办公室。"

伊斯曼回答说："哎呀！要是你不说，我还真忘了这件事。这间办公室是我亲自设计的，建好之后我非常喜欢，但是后来一忙，一连几周都没有机会好好欣赏它了。"

亚当森走到墙边，伸出手在木板上擦了擦，说："我想这是英国橡木，对吧？意大利的橡木质地应该不是这样的。"

"是的，"伊斯曼听到亚当森的话，显得有些激动，站起来说，"那是从英国进口的橡木，我的一位专门从事室内橡木研究的朋友从英国帮我订的货。"

就这样，伊斯曼和亚当森开心地聊了起来。他把室内所有的装饰一一向亚当森作了介绍，从木质谈到比例，再谈到颜色，再谈到价格。在整个过程中，亚当森始终微笑着倾听，显得饶有兴趣。之后亚当森询问伊斯曼的经历，他们一直谈到中午。

最终，亚当森顺利地得到了这笔生意，而且和伊斯曼先生成了非常好的朋友。

话说得恰当，从某种程度上说，就是指能把话说到别人的心里。没有人会喜欢一个谈话只讲自己而不关心别人需求的人。人们一般都喜欢和那些与自己有共同话题、能够迎合自己兴趣的人交往。

有魅力的女性应当有一副好口才，她不需要滔滔不绝，不需要脱稿演讲三个小时，而是善于倾听，从中判断出对方有兴趣的信息是哪些，从而把话说到对方的心里。

唐瑞茜是一家电气公司的销售人员。这天，她按照上级的指示到一个偏远的乡村去开拓电气业务。唐瑞茜敲开了一个富有农家的门，户主是一位老太太。老太太一开门见到是电气公司的，就猛然把门关上。直到唐瑞茜多次敲门之后，老太太才勉强开了一条门缝来应付她。

唐瑞茜客气地说："很抱歉，太太，打扰您了。我知道您对我推销的东西不感兴趣，所以这次登门并不是来向您推销的，而是来向您买些鸡蛋。"老太太消除了一些戒心，把门缝开大了一点，探出头，用怀疑的目光望着唐瑞茜。

唐瑞茜继续说："您喂的是山鸡吧？我看见它们很漂亮，想买一打新鲜的鸡蛋带回城。"接着，唐瑞茜充满诚意地说："我们城里的鸡下的蛋是白色的，我妈妈喜欢做蛋糕，但她说白鸡蛋做出来的不好看，所以就要我来买些棕色的蛋。"

这时候，老太太从门内走出来，态度比之前温和了许多，并和唐瑞茜聊起了鸡蛋的事。唐瑞茜又指着院子里的牛棚说："太太，我敢打赌，您养鸡肯定比您丈夫养牛赚钱多。"老太太被说得心花怒放。长期以来，她丈夫都不承认这个事实，于是老太太把唐瑞茜视为知己，并高兴地把她带到鸡舍参观。唐瑞茜一边参观，一边赞扬老太太的养鸡经验，并说："您的鸡舍如果能用电灯照明，鸡的产蛋量肯定还会更多。"

两个星期后，这位老太太联系唐瑞茜说："虽然我知道你还是在向我推销，但你很会说话，说的话让我很高兴。因此，我决定成为你的客户。"

在与人交谈时，先从对方得意的事情说起，就是一种高明的恭维和赞扬。当你对别人的得意之事表现出浓厚的兴趣时，也就是在间接地表明你认同这个人，表明你和他志同道合，这样你就会很容易赢得对方的好感。

所以，在人际交往中，如果你想赢得别人的好感，就有必要学会恭维对方，从对方感兴趣的得意之事说起，把话说到对方的心里。恰当的恭维、发自内心的赞美，能让别人开怀一笑，从而拉近你们之间的心理距离，促进你们之间更好地沟通。

❄ ❄ ❄ ❄

细细聆听，做一朵温柔的"解语花"

很多女人都有一个毛病——喋喋不休，和"听"相比，她们更热衷于"说"。但是，真正聪明的女人，从不用这样的方式与人沟通，她们更擅长用"听"来实现心与心的交流。要知道，上天只给了人一张嘴，却给了人两只耳朵，就是要人们听的比说的多一些。如果一个女人在别人讲话的时候，能够静静地倾听、礼貌地回应，那么尽管言语不多，但她依然会被人视为最佳的沟通对象。

善于倾听会让他人觉得你尊重他，因而就能够赢得对方更多的好感。当然，我们所说的"善于倾听"，并不是指在谈话中一言不发，像木头人一样无所表达——那样只会让说话者觉得压抑。真正善于倾听的人，懂得如何配合说话者的节奏，并在适当的时候给予一定的响应。

比尔·盖茨的妻子叫梅琳达·弗兰奇。作为世界首富的妻子，梅琳达相貌"平平"，放到人群中看起来非常不显眼，可她却是一个充满智慧的女性。

一个成功的男人，在风光的背后必定有很多不足为外人道的苦恼，他需要向最亲密的人倾诉，梅琳达恰恰给了他这样一个"机会"。对于比尔·盖茨来讲，梅琳达就是他紧张与困乏时的"安定剂"与"加油站"。

一天，比尔·盖茨回到家中，对梅琳达说："你知道吗，今天是一个非同一般的日子，公司的一些员工竟嚷着要我将那份区域报告公之于众，而且……"

"真的吗？"梅琳达装作毫不吃惊的样子，淡淡地说："哦，那还不错，吃点东西吧！亲爱的，我早就说过，员工是很难对付的。"

比尔·盖茨还在不停地说："当然了，亲爱的，就像我说的那样，就连鲍尔默在内，都好像在随时准备踢我的屁股。一开始我还不知道他们为什么要这么做，但最后我发现，原来他们是想让我加薪。"

梅琳达听到这儿，对比尔·盖茨说："我认为他们还不是特别了解你、重视你，但是这种事情每个公司几乎都会遇到，你也不必太在意。比尔，我想你应该关注一下你女儿的学习成绩了，这学期她的成绩又开始下滑了。"

这时，比尔·盖茨发现，经过和妻子的一番谈话，自己已经不再感到担心了。于是他吃了点东西之后，平心静气地与女儿谈起学习成绩来。

毫无疑问，梅琳达是一个善于倾听的女人。她不仅善于倾听，还能在恰当的时候提出自己的见解和意见。这就从另一方面告诉了说话者，她是在用心倾听，如此之举无疑给了说话者莫大的鼓励。

与说话相比，倾听同样需要技巧。在倾听别人说话的时候，千万记住，你不仅要听对方的话，更要在听的同时站在对方的角度，想想如何才能解决对方所说的问题。这在心理学上叫作"同理心式倾听"，具体来说就是一种设身处地，尝试以他人的双眼来探究世界的倾听方式。这是一种能让你深入说话者内心的倾听方式，同时也是一种高情商的表现。

琼斯是精装图书行销商，每个礼拜，她都要去拜访几位著名的美术家。这些人从来不拒绝她，但也从来不买她的书。他们总是很仔细地翻着琼斯带去的图书，然后告诉她："很遗憾，我不能买这些书。"

琼斯感到有些奇怪，于是去和一位学习心理学与人际关系学的朋友聊天。这位朋友仔细问了她推销的经过后，对她说："你把他们给镇住了，所以他们不敢买。"

琼斯是个敬业的姑娘，有较为不错的美术功底，但说话缺少技巧。每次推销时，她都很热情地告诉对方："这部画册你一定没见过，它是现代最棒的图书……"

朋友告诉琼斯："你不妨把书送上门，让他们自己去品评。"

琼斯自己也省悟到过去的方法有些不妥。经朋友介绍，她又带着几本画册前去拜访新客户——一位美术家。到达对方家中后，琼斯并不忙着推销图书，而是用心欣赏对方家中的作品。对自己不太懂的地方，她就及时地向对方请教。

美术家来了兴致，不知不觉，两个人已经聊了两个小时。最后，琼斯说道："以您深厚的美术功底，能否帮我看一下这几本书中，到底哪本更实用、更权威呢？"

因为当日所剩时间不多，故两个人约定第二天再见面。第二天，琼斯再去取书时，美术家已认认真真地写出了一份评价意见。字数不多，但很中肯。琼斯满怀感激地谢过对方。

临别时，美术家主动对琼斯说："我自己想订购几本这种画册。另外，我和我的几个朋友都联系了一下，他们也愿意看一看。"

琼斯听后，激动不已。在美术家的引见下，她一下子推销出了好几套大型画册。

要想受人欢迎，不妨学着做一个善于倾听的人吧！

❀ ❀ ❀ ❀

优雅的声音凭天生，也须训练

优雅的声音有些是天生的，但更多的可以靠训练得来。通过训练，女人可以使自己的声音变得优美动听。

海伦是个漂亮的阿根廷女人，38岁的她刚刚晋升为英国某银行股市信息主任。自信、独立的她，对自己的事业充满了抱负和展望。在由男性主宰的金融业中，和无数白领丽人一样，海伦追求完美、卓越，以获得同事和下级的尊重，她努力开发一切能够为她增加领导力的资源。同时，海伦还要求形象设计师英格丽让自己身上的每个"部件"都发挥"权威"的作用。终于，英格丽帮海伦树立起一个无可挑剔的、现代的、能力超强的女管理者的外在形象。

当英格丽委婉地提出海伦的声音可以重新训练，改变发声后会在听觉上为她增加"权威"时，海伦认为这无关紧要："我从小就这样说话，已经没法改变了。"确实，没有人告诉过海伦，她还有美中不足之处——声音又尖又细，如同十几岁的女孩，这与她强大、独立的性格和一个管理者的外在形象格格不入。

几次会议后，海伦开始注意到自己的声音确实产生不了权威。当别人争论，自己试图插话时，别人好像根本就听不到自己的声音。在电话中，她常被误以为是位年轻的秘书。就连同事丹尼尔也说："她那刺耳的声音与她的职务和外表毫不相称，每当她失去耐心时，声音更是变了质，听起来像一个十五六岁的女孩，而不是一个成熟的、有权威的38岁的女人。"

三个月后，追求完美的海伦终于不能再忍受自己的声音破坏"权威"的形象了，决定自费去找演讲家学习新的发声法。她说："不到这个位置上，也许我永远不知道自己声音的缺憾。虽然在38岁学习发声是件让人惊奇的事，但是我别无选择。"

优雅的声音是温柔的，它能熔化男人的钢筋铁骨。温柔的声音，娓娓动听，如高山流水，美妙绝伦；如清脆鸟鸣，悦耳动听；如流香好酒，沁人心脾。

优雅的声音也是亲切的，像是令人陶醉、引人追随的美妙的音乐。

优雅的声音是"跳跃"的。女性需注意自己声音的力度、音阶和速度，用变化的语速，表达不同的意思、内容和心情，力求一种有快有慢的节奏感。单调如一的声音，往往毫无吸引力，即使内容再精彩也很难引人关注，反而可能使别人产生厌烦心理，不乐意与你交往。所以说话时，不妨放慢速度，加重音调，强调主要词句，在一般内容上稍加变化。随着内容以及情绪的变换，说话的语调也应发生变换，可侃侃而谈如潺潺的溪水，也可慷慨激昂似奔泻的瀑布。在不同的声音段里，要有舒缓、有高潮、有喜忧，如此才能扣人心弦、引人入胜。

要想让自己的声音变得悦耳动听，需要从以下几个方面加以改进。

1.摆脱发音的毛病

如果你讲话时鼻音很重，那么你可以多尝试用喉音说话。

如果你说话时语速过快，你应该学着试图减慢语速。控制语速的关键在于，学会在说话时偶尔停顿一下。呼吸的停顿，实际上就是为你的思考加上"逗号"。它会帮助你将思绪分解成更小、更易控制的单元，从而调节好语速。而且，停顿还便于听众有更多的时间来消化你之前所说的话。

如果你存在吞音或漏词的问题，就会显得你拙于言辞、缺乏修养、懒散且粗心大意，要解决这个问题，首先要检查一下自己的语速。语速一快，就会造成吞音或漏词。因此，清晰发音的关键是了解自身语速的极限，你应该用自己力所能及的语速说话。此外，如果你说起话来总是含混不清，可能是因为你在说话时嘴巴张得不够大。当你习惯了张大嘴巴说话，你的发音就会变得清晰。

2.为声音注入活力

你有没有过这样的经历：在某次会议上，你的发言得不到听众太大的反应，但几分钟后别人说了同样的事，却得到了所有人的关注和赞赏？也许，问题的症结不在于你说的内容，而在于你说的方式。

那么，我们的耳朵愿意听到什么样的声音呢？想象你正在听两段不同的音乐：第一段有4个音符，第二段有12个音符，哪段音乐能更持久地吸引住你？当然是后者，因为它变化丰富。人的声音也是一样的，声音越丰富，变化越多，就越能抓住听众的注意力。

在说话时，让你的声音多一些高低起伏，不但会显得更加有说服力，而且更能表明你会对自己所说的话负责。

具体来说，你可以这么做：说到最关键的信息时，改变音调。通常，用来限定或描述事物的词语，如形容词、副词和行为动词，最好加重语气。如果你不习惯抑扬顿挫地说话，就必须多使用高音，来获得最佳效果。

3.接受系统的发声训练

日常说话是无法和正规的训练相比的。要练就洪亮有力、能引起别人注意、帮你赢得他人尊重的声音，就需要接受系统的发声训练。

多长时间后你的声音就能够得到明显改善呢？这取决于你愿意付出多大的努力。你得培养自己对挖掘声音的极致潜力的渴望与动力，不满足于达到最低标准。因为，你的声音听起来越悦耳，你可以获得的机会就越多。请记住，无论这是否公平，但在你的个人生活与职业生涯中，人们往往会通过你的声音来评判你这个人。

※ ※ ※ ※

说话真诚，最能打动人心

只有用一颗真诚的心与人交往，才能换来彼此的心灵相通，消除人为的隔膜，做到坦诚以待。真诚是一笔宝贵的财富，同样，女人的语言魅力也往往源于真诚。

从米歇尔的谈吐之间可以看出，不论在任何场合，她都真挚诚恳，从不矫情、造作。比如总统竞选期间，她形容丈夫奥巴马在华盛顿的住所是一间"容易着火""可以吃比萨"的小公寓，因而每次她去看奥巴马，都得一起去住宾馆。记者问她："那以后的白宫呢？"她坦然而眉飞色舞地感叹："白宫真的是太美了，是那种让人产生敬畏的激情的美。在那里走一圈之后，感觉能住在那里真是一种上天的恩赐，是一种荣耀。"与太太情趣相投的奥巴马给人的感觉是那么真实而亲近。这与他太太的感性影响与渲染有关。米歇尔是第一个爆料自己丈夫不会整理床铺的"第一夫人"，这些小细节为奥巴马平添了几分人情味。

米歇尔基本不谈政策纲领，而是打"人性牌"，大谈奥巴马睡觉鼾声大、早上起床时口臭令女儿不敢接近等趣事。即使夫妻一起上电视做节目，也是谈笑风生，彼此打趣，自然而然地显露出淳朴、单纯、率真的一面。

曾有记者问奥巴马："获胜后，太太说了什么？"奥巴马幽默地说："太太问我明天早上还送女儿上学去吗？"米歇尔听后大笑："我没说，我可没这么说啊！"夫妻俩眼神里交流的是真挚的感情，默契而生动。这样简单真挚的语言，其实是最能打动人心的。

讲话如果只追求外表漂亮，却缺乏真挚的感情，开出的也只会是无果之花，即使能欺骗别人的耳朵，也欺骗不了别人的心。

人与人交谈，贵在真诚。有诗云："功成理定何神速，速在推心置人腹。"白居易曾说过："动人心者，莫先乎情。"炽热真诚的情感往往能使"快者掀髯，愤者扼腕，悲者掩泣，羡者色飞"。

说话不是敲锣击鼓，而是敲击人们的"心铃"。"心铃"是最精密的乐器。成功的女人总是能用真挚的情感、竭诚的态度击响人们的"心铃"，并刺激之、感化之、振奋之、激励之、慰藉之。她们对真善美，热情讴歌；对假恶丑，无情鞭挞。她们让喜怒哀乐，溢于言表；使黑白贬褒，泾渭分明。她们用自己的心弦去弹拨他人的心弦，用自己的灵魂去感染他人的灵魂，使听者闻其言、知其声、见其心。

真诚的语言，不论对说者还是听者来说都至关重要。说话的魅力，不在于说得多么流畅，多么滔滔不绝，而在于是否真诚。

心理学家认为，人与人之间存在"互酬互动效应"，即你如果真诚对别人，别人也会以同样的方式给予你回报。如果一个女人能用得体的语言表达她的真诚，就会很容易赢得对方的信任，与对方建立起信赖关系，对方也很可能因此喜欢她说的话，并因此答应她提出的要求。能够打动人心的话语，才称得上是"金口玉言""一字千金"。

说话是一个传递信息的过程，而要提高自己的说话水平，增强自己的语言魅力，并不完全在于说话者本人能否准确、流畅地表达自己的思想，还在于他所表达的思想、信息能否为听众接受并产生共鸣。也就是说，要将话说好，关键还在于如何拨动听者的"心弦"。

真诚的语言虽然朴实无华，却是最感人的。

有家电视台播放过一个节目，中国女足在一次比赛中获得了亚军，记者问运动员："你们得了亚军后心情如何？你们是怎么想的？"

其中一名运动员不假思索地回答道："我想最好能睡三天觉！"

这样的回答让人有些出乎意料，但它很质朴，没有任何修饰成分，全场顿时爆发出一片赞许的笑声和掌声。如果这位运动员"谦虚"一番，可能就没有如此强烈的反响了。

情深，才可惊心动魄。语言真诚，即使几句简单的话，也能引起听众强烈的共鸣，从而打动人心。

※ ※ ※ ※

善于制造幽默氛围

如果一个女人才华出众、气质高雅、美貌可爱，却没有聪敏幽默的情怀，就像鲜花没有香味一样，有形而无神，看上去总感觉差了点儿什么。

幽默是什么？王蒙说："幽默是一种酸、甜、苦、咸、辣混合的味道。它的味道似乎没有痛苦和狂欢强烈，但应该比痛苦和狂欢还耐嚼。"

幽默的女人是智慧的，是经历过动荡和挫折，经过生活的历练，仍然保持一种达观、自信、绝不轻言放弃的生活态度。生活中无论遇到什么样的问题，经她的口轻轻一说，就云淡风轻了，变得可以从另一个角度去解读。女性的魅力，就在这幽默的言辞中，变得清晰起来，有了生动的韵味。

美国著名作家阿加莎·克里斯蒂同比她小13岁的考古学家马克斯·马温洛结婚后，有人问她为什么要嫁给一个考古学家，她幽默地说："对于任何女人来说，考古学家都是最好的丈夫。因为妻子越老他就越爱她。"这一巧妙的解释，既体现了克里斯蒂的幽默感，又说明了他们夫妻关系的和谐。

英国思想家培根说过："善谈者必善幽默。"幽默女人的魅力就在于：话不须直说，却能让人通过曲折含蓄的表达方式心领神会。

幽默不仅是一种说话技巧，更是一种智慧，这种智慧中蕴含着一种宽容、谅解以及灵活的人生态度。幽默往往是一个人有知识、有修养的表现，是一种高雅的风度。善于幽默者，大多也是知识渊博、辩才杰出、思维敏捷的人。这样的人非常注意有趣的事物，懂得开玩笑的场合，善于因人、因事而开不同的玩笑，能令人耳目一新。

爱丽丝在一个公司里任接待员。有时，某些人打来电话，往往给她出难题："我要和你的老板说话。"

"我可以告诉他是谁来的电话吗？"

"快给我接你的老板，我马上要和他说话。"

"很抱歉。他花钱雇我来接电话，似乎很傻。因为10个电话中有9个是找他的。"爱丽丝笑着说。

来电话的人也笑了，然后把自己的姓名及电话号码告诉了爱丽丝。

这样，爱丽丝既知道了是谁找老板，又没有得罪对方。她采取这种看似自嘲的幽默方式，取得了皆大欢喜的效果。

说话幽默的女人，对于生活的态度总是积极向上的，对于自身也是充满力量和自信的。因为人只有内心满怀希望，才能由衷地发出笑声、彰显魅力。与这样的人在一起是轻松的、快乐的、有情调的。幽默可以使人在交际场上"压倒"别人，缓解沉闷紧张的气氛，使大家共享快乐、融洽、亲切、祥和的氛围。

一位男青年在一家饭馆里吃饭。他点了一大桌丰盛的饭菜，等吃完饭，他才对女经理说："对不起，钱夹放在家里了，我现在不能付饭钱。"

女经理不慌不忙地说："那好吧！我相信你。为了使我记住此事，必须把你的名字写在门口的黑板上，同时记上你欠账的数目。"

男青年表示不满："那不是每个人都能看到我的名字了吗？"

女经理微笑着说："不必担心，我们会用你的皮大衣把你的名字盖住的。"

这位男青年只好拿出钱来，如数付清了餐费。

女经理的幽默避免了事情陷入僵化，而且成功地维护了饭馆的权益，也给人留下了自信、聪慧的好印象。

如果一个女人很聪明，说明她很有智慧；如果一个女人吸引别人，说明她很有魅力；如果一个女人懂得幽默，那么就说明她很有"人气"。

生活中，大家都愿意和有幽默感的女人交谈。有幽默感的女人会让别人感到亲切，与她们交流的时候可以很快乐，没有拘束感。懂得适时幽默的女性，在交际的过程中所体现出来的智慧常常让他人情不自禁地向她靠拢。卡耐基认为，女人可以没有"魔鬼身材"、华丽的装束，只要她善于用幽默的语言说话，也可以成为众人的焦点。

善于制造幽默氛围的女性，无论是在职场中，还是在生活中，都会如鱼得水、左右逢源。

❀❀❀❀

与人交流时，在什么场合说什么话

在生活中，我们会发现有的人天生有“人缘”，即使在一个陌生的环境，只要一开口，就会马上调动起周围人的情绪，赢得众人的喜欢。这种“人缘”，在心理学上叫作“亲和效应”，其中的奥秘就是：找到相同点，成为“自己人”。

与人交流时，因为是“自己人”，所以会感到相互之间更加容易接近。而这种相互接近，通常又会使交往双方互相萌生亲切感，拉近彼此之间的距离。

获得过诺贝尔文学奖的美国女作家赛珍珠在“二战”期间，曾发表过对中国人民的广播演讲，这篇演讲深深地打动了中国人的心。在演讲中她是这么说的：“我今天说话不完全站在一个美国人的立场，因为我也是一个中国人。我一生的大半时间，都消磨在中国。我生下三个月，就被父母带到中国了。我开口说话的时候，又是先说的中国话。我小时候跟着父母，并没有住过什么通商大埠。十数年间，我们到的地方是浙江、江苏、江西、湖南、安徽、山东各省的小城市、小村庄——清浦、镇江、丹阳、岳州、蚌埠、徐州、南州……这些地方，是我最熟识的。可是我最爱的，是中国的农田乡村。之后我长大了，又在南京住了17

年。我曾亲眼看到南京在几年之内，由一个古旧的城市变成一个新式的城市。但是无论我住在什么地方，我与中国人相处，都亲如同胞。因为小的时候，我的玩伴是中国孩子；成人以后，来往的又是中国的朋友们。现在我人虽已归故国，心中却没有忘掉旧日的朋友。所以今天我要从这两种立场说话。我既在中国长大成人，又在美国住了多年，受了双方的教育，有了双方的经验，我觉得我是属于两个国家的。"

赛珍珠一再提及中国人熟悉的地名，强调自己与中国人关系密切，对于听众而言，拉近了双方的距离。一个陌生的外国演讲者此时似乎成了曾经同行的旅伴，国籍的界线模糊了，一种亲切感也油然而生。

在交际法则中，有很重要的一条是：要做一个交际高手、一个受人欢迎的人，说话时就应该注重场合，"上什么山唱什么歌"。

在什么场合说什么话，是人们在长期的交际实践中总结出来的经验。场合就是谈话的社会环境、自然环境和具体场景，具体场景又涉及谈话的时间、空间及周围环境。它们虽然无言，却在言语交际中起到不可估量的参与和影响作用。谈话双方对于话题的选择与理解、某个观念的形成与改变、谈话的心理反应以及交谈结果，无不与场合有直接联系。这就要求人们在谈话时必须估计场合的影响，并有意识地巧妙利用"场合效应"。

由于受特定人际关系和场合心理的制约，有些话只能在某些特定的场合说，换一个场合就不行了。同样一句话，在这里说和在那里说会有不同的效果。因此，在人际交往中，说话时一定要注意说什么、怎么说，要顾及场合、环境，这样才有利于沟通。不顾及场合的心直口快是不值得提倡的。

俗话说"一句话把人说笑，一句话把人说跳"，说的就是这个道理。这就要求我们在说话时，注意场合，增强场合意识，懂得在不同场合对说话内容和方式的特定限制和要求，时时不忘看场合说话。

比如：去别人家做客，要谢谢主人的邀请，盛赞菜肴的精美、丰盛、可口，并根据实际情况，称赞主人的室内布置别出心裁、小孩乖巧聪明……

再比如：赴宴时，要称赞主人选择的餐厅和菜色，感谢主人的邀请。参加酒会，要称赞酒会的成功，使你有"宾至如归"的感受。

到什么场合说什么话，需要相当的经验。当面临着各式各样的场合，面对着各种各样的人物，一个聪明的女人一定能分清场合，选择最恰当的说话方式，使自己的话既符合场合要求，又考虑到谈话对象的接受心理，最大限度地实现与交际对象的沟通。

第四章

❋

优雅韵味，
于举手投足的细节中深藏

❋ ❋ ❋ ❋

　　奥黛丽·赫本在给女儿的遗言中说道："若要有优美的嘴唇，要讲亲切的话；若要有可爱的眼睛，要看到别人的好处；若要有苗条的身材，要把食物分给饥饿的人；若要有美丽的头发，要让小孩子一天抚摸一次你的头发；若要有优美的姿态，要记住走路时行人不止你一个。"

　　女性要优雅精致，须注重细节，即使到楼下扔垃圾，也应该赏心悦目。

❋

❋ ❋ ❋ ❋

做精致女人，于细节处展示美好姿态

身为女人，要活得优雅，必须活得精致，在细节上展示出美好的姿态。

冉华打扮整齐地走下楼，正好遇到两个邻居，邻居和她打招呼说："去逛商场啊？"冉华笑了，说："不是，我去对面买点水果。"两个邻居相视一笑，上楼走了。冉华听到了她们的议论声："啧啧，这个女人怎么买个水果也要把自己打扮一下？""是啊是啊，你看她还真不怕麻烦！"冉华笑着摇摇头，她并没有觉得打扮自己有什么不对。

冉华每天下楼的时候，都会在小区里遇到一个男人。这个男人每天到了固定时间就带着狗出来散步。第一次看到冉华，男人的大狗就兴奋地冲着冉华大叫，冉华总是微笑着跟男人打招呼，他也总是微笑地看着冉华。在他看来，这个女人有一种独具韵味的美，清新、干净、整齐。小区里见惯了穿着睡衣、邋里邋遢的女人，而冉华总是干净示人。他也听到过一些邻居对冉华的评价，但是他觉得冉华没有什么不妥，这样的女人多半是细致惯了。

时间久了，两个人都在对方眼里读到一种火花，激烈地碰撞着。男人第一次去冉华家，毫不意外地看到了一个清新的环境，就像他一直渴望的那种：窗台上养着花，房间里整齐有序。看得出来，主人有着良好的生活习惯。

其实，冉华本来就是这样一个人，她不喜欢让自己邋里邋遢地出现在别人面前。在她看来，穿着整齐是对外界环境和他人的一种尊重。所以，她无论去哪里，只要走出家门，都会在出门前对自己进行细致的修整，然后面带微笑地走出门去。

精致女人，精致的是一份心情、一种生活态度。她们绝不是花瓶，而是花瓶中那娇艳的鲜花，用绽放的青春和生命点缀着无悔的人生。

精致，如同无形的精灵，紧紧地抓住人的感官，悄悄地潜入人的心灵，给人留下难以磨灭的印象。精致，不仅体现在穿着打扮上，它还关乎每个微小之处。细节最能反映一个人的本质，优雅的女性常常不是在学识、容貌上有多大的优势，而是会在细微之处显出自己的与众不同。

精致地活着，是追求"简约而不简单"的大气；精致地活着，是做人群的焦点却拒绝哗众取宠；精致地活着，是风情万种却毫无矫揉造作；精致地活着，是有奢华的风骨却不沦为金钱的傀儡；精致地活着，是内心充满自信，赏心于己，悦目于人，把一杯红酒喝出情调，把一件衣服穿出品位，把自爱当作被爱的基础。

一家杂志的女主编梦萍，回忆起自己当年在法国留学的日子，不禁感慨万千。

毕业那年，梦萍四处奔波找工作，忙碌了好久，却迟迟没能如愿。如此继续下去，除了回国，别无他法。她不知道问题出在哪里，直到那位女面试官用鄙视的语气告诉她，她的形象与简历不相符。她发誓，可以用能力让对方收回对她的鄙视。可惜，对方没有给她展示能力的机会。

梦萍的房东爱玛是个苛刻而考究的女人，她在家里给梦萍列出了许多条要求：不允许十二点之后还亮着灯，不允许洗浴时间超过十分钟，不允许穿戴不整齐就进入客厅，不允许用整洁的厨房做中餐，不允许家里有客人造访时不擦口红……

梦萍坦言，她当时真的很讨厌爱玛，可奇怪的是，周围的人都说她是一位不错的房东。

有一次，梦萍刚洗过头发，坐在床上一边看招聘信息，一边吃面包。爱玛见到后，径直走过来，夺下她手里的报纸和面包，指责她没素质，要她离开这里。一气之下，梦萍披散着头发，穿着睡衣，披上外套走出了家门。

这些年来，从来没有谁说过梦萍没素质，她傲人的成绩和出色的能力，让她一路都走得很平坦。她的家境不错，但母亲从不娇惯她，一直提醒她，能力最重要。她想不通，为什么这里的人那么喜欢"以貌取人"！

天气寒冷，梦萍也很饿，出门后她就去了一家咖啡馆。咖啡馆的人很多，服务生将梦萍引到一个空位上，用一种奇怪的眼神看着她。梦萍的对面坐着一位法国女士，看起来尊贵精致，穿着十分讲究。梦萍有点不好意思，她的睡衣、运动鞋在对方的套装、丝袜、高跟鞋面前，像是一个卑微的小丑。她突然觉得，若不是因为自己披了一件价值不菲的外衣，这家高级咖啡馆恐怕会将自己拒之门外。

梦萍点了一杯咖啡。服务生离开后，那位法国女士什么也没说，只是拿出一张便笺，写了一行字给梦萍。上面写着：洗手间在你的右后方。梦萍抬头看着那位女士，对方优雅地喝着咖啡，全然当作没这回事。梦萍尴尬至极，想起房东爱玛方才对自己的指责，突然觉得房东没什么错。

对镜独照，看着自己一身皱巴巴的睡衣，被风吹乱的头发，嘴边沾着的面包屑，梦萍平生第一次看不起自己。她觉得，这副装扮似乎是在喻示：她不尊重自己，也不尊重他人。想起面试时穿着的休闲便装，她觉得那更是对一家知名企业以及那位面试官的不尊重。

稍作整理之后，梦萍回到了刚才的座位上，那位法国女士已经离开了。她给梦萍留了一张字条，上面有一句漂亮的手写法语：身为女人，你要精致地活着，这是女人的尊严。

梦萍迅速地离开了那家咖啡馆。到家后，她才发现爱玛一直在客厅里等她。刚一见到梦萍，爱玛就说她回来晚了，要她明天帮自己打扫房间。梦萍向爱玛道歉，同意了她的要求。不过，此时的梦萍已经对爱玛有了改观，她发现爱玛的"多条要求"给自己带来了很多益处。比如，早点休息可以让自己拥有更好的精神状态；穿着优雅可以让自己更自信并赢得他人的尊重。

后来，梦萍如愿地应聘到一家时尚杂志做助理。她得体的装扮和良好的精神状态为她赢得了对方的肯定。那位精干的女上司对梦萍说："你非常优秀，我们欢迎你。"梦萍惊奇地发现，自己的上司竟是上次在咖啡馆里遇到的那位法国女士——她是业界非常有名的杂志主编，不过她没有认出梦萍。

梦萍对那位女士说了一声"谢谢"。这句话不是客套的回应，而是发自内心的感激。她感谢这位优雅的女士给她上了宝贵的一课：身为女人，你要精致地活着。

精致的女人是懂得生活的女人，有着旖旎动人的本色和心细如发的柔情。

精致，是一种极致的学问，是随着岁月年华老去，依然刻骨铭心的"格"与"调"：怎么看，都不会厌倦；怎么听，都不会腻烦；怎么想象，都依然清新。

❀ ❀ ❀ ❀

心境如花，气质如兰

著名化妆品牌羽西的创始人靳羽西说："气质与修养不是名人的专利，它是属于每一个人的。"气质与修养并非与金钱、权势、地位、年龄、职业等联系在一起，即使是最普通的女人，也可以拥有属于自己的独特的气质。

气质是一种灵性。一个女人如果只靠化妆品来维持气质，那她的生命必定是苍白的。用气质雕琢和塑造出来的女人，一个不经意的动作，往往就能吸引所有人的目光。

在美女如云的今天，杨澜不是最美的女人之一，却是最有气质的女人之一。

1990年，杨澜成为中央电视台《正大综艺》节目主持人。1997年7月，她又加盟凤凰卫视中文台，1999年10月离开凤凰卫视中文台，担任阳光文化影视公司董事局主席，后来又主持《杨澜视线》《杨澜访谈录》《天下女人》等节目。在杨澜主持的节目中，观众都为她流畅的英文所倾倒，为她活跃的思维所折服。她是气质、潮流与个性之美的完美体现。

杨澜的气质由内而外：她的穿着永远澄静淡雅，丝毫没有张扬的锋芒。她可以驾驭任何风格，简约的、典雅的、华丽的……而且把每种风格都诠释得恰到好处。作为一个成功女人，杨澜拥有各种令"天下女人"唏嘘的侧面。在知性、睿智、女强人这些"标签"的背后，她也有精于时尚的一面——拥有自己设计的珠宝品牌，具有考究、经典的着装品位。她的时尚不流于表面，那是种融化在教养与气质中的风度。

如今，已为人母的杨澜走过了40多个春秋。但在很多人眼中，她仍是气质女人的典范，永远优雅出色，永远先行一步。

聪明的女人都知道把自己迷人的气质当作财富，以人格魅力为中心形成一个独特的"磁场"，吸引志同道合者与其共创美好的事业。

气质可以让一个女人永远年轻，气质女人的魅力不会因其脸上新添的几道皱纹而减少。气质可以让一个女人美丽无限、魅力四射，即使你的容貌并不出众，只要富有气质且稍加修饰，就会显得楚楚动人、韵味十足。女人的气质美，是建立在自尊、自信、自爱、自强、智慧、学识等基础之上的，同时还具有母性般深沉的内涵和使人感到亲切等特征。这种气质之美，是一种高品位的美，它往往会让女人收获尊敬、羡慕、成功和幸福。

张爱玲说："纵有千般不是，女人的精神里面却有一点'地母'的根芽。可爱的女人实在是真可爱，在某种范围内，可爱的人品与风韵是可以用人工培养出来的。"

如果你天生丽质，请让高雅的气质升华你的美丽；如果你仅是中人之姿，也不必耿耿于怀，你可以从内而外地修炼你独特的气质。一个人只要心底灿烂，就会由内而外散发出恒久迷人的魅力，创造出浪漫多彩的人生。

那么，女人应该如何提升自己的气质呢？

1.有气质的女人有较高的素质

一个女人的德行素质可以从态度、品质、境界三个层面去衡量：态度，应真诚热情；品质，应善良宽容；境界，应高洁平和。言谈举止应落落大方，讲话文明，能耐心倾听他人讲话，不随意打断他人，不随意插话。有较高素质的女人能得到更多的尊重。

2.有气质的女人有优雅的谈吐

谈吐自如是一种风度，笑对群儒是一种境界，能言善辩是一种能力。女人的内涵需要通过谈吐体现出来。优雅的谈吐，是女人高雅的内在精神气质和修养的体现。美貌的女人若满口粗话，一定会让人大失所望；平凡但谈吐优雅的女人，则更容易受到大家的欢迎。要做到言谈优雅得体，就要注意说话的语速、语气、语调，说话的内容也要注意场合。

3.有气质的女人有丰富的内心世界

要使内心丰富起来，就要用理想、梦想和目标去充实它。理想是人生的动力，心怀目标和追求是一种积极向上的人生态度。胸有理想的女人会气质不凡；而碌碌无为、内心空虚的女人，一定没有好的气质。此外，文化水平一定程度上也与气质的形成密切相关：博学多识、眼界开阔、胸怀宽广、充满智慧的女人，会流露出令人欣赏的知性之美。

4.有气质的女人有完善的性格

气质美更多地表现在性格上，女人要注意自己的涵养，忌怒、忌狂、忍让、体贴。温柔并非沉默，更不是逆来顺受、毫无主见，相反，开朗的性格往往透出天真烂漫的气质，更能表现内心情感，而富有感情的女人更容易使人感觉亲近。

5.有气质的女人有高雅的兴趣

兴趣高雅是气质美的体现之一。爱好文学并有一定的表达能力，欣赏音乐且有较好的乐感，喜欢美术又有基本的色彩感……这样的女人身上洋溢着夺目的气质美。此外，工作认真、聪慧洒脱、精明干练等，也是气质美的展现。

只要努力，你就会变成理想的自己。气质的修炼，需要不断地丰富和提高自己。

✿ ✿ ✿ ✿

刹那芳华尽，优雅韵味长

　　优雅，向来是令众多女性"顶礼膜拜"的词。从某种程度上讲，优雅是克制的，不会无所顾忌、任性而为。所谓"优"，指的是一个人内在的品质、涵养、气度、心态具备的完美状态；所谓"雅"，指的是内心所处的完美状态的外化，包括优雅的举止、文雅的谈吐和高雅的形象。"优雅"实际上是内在和外在完美结合的产物，是一种令人赏心悦目的气质之美。

　　真正的优雅是来自内心的"神韵"之美，是充实的内心世界、质朴的心灵付诸外在的真挚表现，是自信个性的体现。而所有的这些往往来自于一个人所受的教育、自身修养以及对美好天性的培植与发展。

　　考古发现，埃及艳后克里欧佩特拉并不漂亮，甚至只能算普通外貌，可她先后让两个罗马英雄——恺撒和安东尼拜倒在她的石榴裙下。不但如此，在克里欧佩特拉还是小姑娘的时候，恺撒和庞培的儿子就先后拜倒在她的石榴裙下了。这一切都源于她过人的优雅。

　　克里欧佩特拉见恺撒的场面很生动。一个背着一包毯子的人被带到恺撒面前，说："先生，我这货物是您从没看到过的。"

做个情趣高雅的浪漫女人

他小心翼翼地把背包放在地上，轻轻打开。看到恺撒面带惊异，他微笑了："先生，我说得没错吧?"

恺撒却说不出话来，因为从那堆毯子中跨步而出的是艳丽超群的埃及公主。公主红发披肩、笑意盈盈、体态柔软、举止活泼。

面对可人的埃及公主，恺撒那如钢铁一般的意志瞬间被击溃了。18岁的埃及公主嫁给了年近半百的恺撒，从此埃及公主变成了埃及艳后。

后来恺撒兵败，她又用特别的方式征服了罗马的另一个统帅安东尼。

风光旖旎的尼罗河上，装饰极为华美的画舫上面倚着一位绝代佳人，她就是埃及艳后，清风拂面，她的脸庞格外红润。从画舫之上散出一股扑鼻的芳香，让叱咤风云、骁勇善战的安东尼春心萌动。

安东尼遣人请她下船相见。不料，她反而传话让安东尼到自己的船上来。这对于征服者来说无疑是一种公开的挑战。安东尼对这出人意料的抗拒感到惊奇。他不由自主地上了船，走到风姿绰约、典雅娴静的克里欧佩特拉身旁。丘比特的爱神之箭，一下子射中了这个高傲自负的男人。

有一次他们一起去钓鱼，安东尼钓了半天，一条鱼都没有上钩，于是他命令仆人潜水下去，在自己的鱼钩上挂上活鱼。克里欧佩特拉看到安东尼接二连三地收竿，一眼就看出了问题，可她不动声色，悄悄命自己的仆人拿一条咸鱼挂在安东尼的鱼钩上。安东尼提竿一看，周围人大笑不止。克里欧佩特拉说："大将军还是把钓竿交给渔夫吧，你要钓的应该是王国、土地和城市。"

优雅可以是一个迷人的微笑、一句贴心的话语、一个扶助的动作、一个相知的眼神，优雅也是一种对生活的自信、乐观、满足、从容，优雅还是一种谦逊善良的美德……总之，优雅是一种从心灵深处自然萌生的感觉，亲切温暖，让人愉悦。

陈燕妮是个众所周知的优雅女人。从她的文章里可以看出，她是个轻灵敏感多于沉稳干练的女子。在她的笔下，女性的所有触觉和感性思维都轻轻地颤动着，让那些被忽略、遗忘的故事以鲜活的面目再现。从《遭遇美国》的轰动开始，陈燕妮的书就成了国人认识美国的一个窗口，人们在她充满女性意识的笔下看到了美国的方方面面，也看到了国人在大洋彼岸的艰辛奋斗和中西文化碰撞中曲折的心灵体验。从做《美东时报》的新闻记者，到在中文电视台工作，陈燕妮五年后出了第一本书——《告诉你一个真美国》。随后她又写了几本讲述华人在美国创业以及华人回国经历的书，这些书一经面市就成了当季的畅销书。后来，她创办了《美洲文汇周刊》，自己担任总裁。

陈燕妮是怎么看待优雅女人的呢？

陈燕妮说："我认为优雅的女人首先应该知道自己是谁。其次她应该是个成功的女人。试想一个身着高贵晚礼服的女人，在宴会上仪态万千，可一转身，却向身后的男人要生活费，你还会觉得她优雅吗？事业成功的女人，才会有充分的自信体现出气质的优雅。"

优雅是内在涵养的释放，是女人骨子里最深刻的美。优雅女人的气质像竹，亭亭玉立、高贵脱俗，即使身着一袭布衣，也会从简单质朴的外表下体现出不凡的感觉。优雅的女人有充实的内涵和丰富的文化底蕴，这是超越外表的美。

有人说："岁月的全部馨香和芳菲都在一只密封的袋子里，矿藏的全部美妙和富裕都在一块宝石的心里，一颗珍珠的核里有着大海的全部阴阳。"女人也是如此，她们所有的魅力和优雅都深藏在骨子里，由内而外散发出的光芒才是最持久、最令人羡慕的。

✳ ✳ ✳ ✳

知性：低调内敛的静谧之美

作为女人，如果天生具有姣好的容貌、婀娜的身材，那是上天的奖赏。人体美是自然美的极致，这种天然的形、容之美往往让人赏心悦目。然而，美貌总是与青春为伴，时间是它最大的敌人。当年华老去，青春不再，这种外在之美的光芒便会逐渐黯淡。

然而，有一种美却不会因时间流逝而消亡，那就是一个人内在的文化底蕴之美，它是一种从骨子里透出的、掩不住的、智慧的光芒。这种内在的知性美让女人更加自信优雅。

林徽因是一个拥有知性美的女人。印度诗人泰戈尔曾为她写下这样的诗句："蔚蓝的天空，俯瞰苍翠的森林，它们中间，吹过一阵喟叹的清风。"林徽因用清新淡雅的面容、妩媚温婉的回眸、顾盼生辉的举手投足，征服了众人。

20世纪30年代，林徽因在北京东城北总布胡同家中的"太太的客厅"里，结交了不少才华杰出的人士。当时的《晨报》曾对林徽因有过这样的评价："林女士态度音吐，并极佳妙。"萧乾先生对她更是敬重仰慕至极。林徽因曾对萧乾先生说："你是用心来写作的。"这给初次见面的萧乾先生留下了很深的印象，他有一种寻到知音的感觉。

知性女人懂得给男人空间。由于林徽因风姿绰约，许多异性都向她投去爱慕的眼光。从智识上来说，林徽因对徐志摩很欣赏。徐志摩的精美词句像春天里的一缕清风给她带来满怀的温柔。但是，林徽因虽然具有浪漫的气质，却也不乏理性。她内心明白：爱一个人，首先要尊重、宽容对方，要给对方留有余地。她尊重徐志摩对人生道路和感情的选择，但睿智如她，已意识到徐志摩身上并没有成熟男人应具备的沉稳庄重，相反，他追求、向往浪漫，这与现实相距甚远。所以最终，林徽因选择了与自己有共同爱好的梁思成，这就是知性女人的理智。知性女人尊重别人也爱惜自己，既温柔又洒脱，使人感到轻松和愉悦。

后来，当梁思成问林徽因为什么没有选择徐志摩而选择自己时，林徽因巧妙地回答道："我想我要用一生来回答这个问题。"这句话没有那么态度鲜明，却是一个绝妙的回答——让事实来回答，不就是最好的回答吗？没有虚饰与矫情，只有自然流露出的清澈和深沉，她对梁思成满腔的柔情让人感动。这充分体现了林徽因作为知性女人的灵性。她天生慧质、善解人意，令人感到无穷的韵味与魅力。

林徽因不单满身灵性，她的优雅举止所表现出的女性魅力一样令人赏心悦目。

1931年11月9号，林徽因在协和小礼堂给外国使节讲中国建筑艺术。身穿珍珠白色毛衣、深咖啡色呢裙的她，从容地站在讲台上，开始了才华横溢的演讲："女士们，先生们！当你踏上一块陌生国土的时候，建筑会以一个民族所特有的风格，讲述这个国家所特有的美的精神，它具有文化内涵，带着爱的情感，走进你的心灵。"精彩的开场白、优雅的风度立刻博得满堂热烈的掌声。

为了参加林徽因对中国建筑艺术的演讲会，徐志摩不顾天气恶劣，毅然冒险登机，置性命于不顾，结果不幸遇难。

知性女人是看重人间美好的友谊和感情的。听到徐志摩遇难的消息后，伤心过度的林徽因特意嘱咐梁思成赶去料理后事，并在自己的卧室里把梁思成拾回来的飞机残片悬挂了20多年。

如此感情细腻丰富的知性女人怎能不人见人爱？当时，逻辑学教授金岳霖也对林徽因颇为爱恋。林徽因颇感烦恼，她征求梁思成的意见后，去找了金岳霖，将梁思成对自己说的话向金岳霖道出："你是自由的。如果你挑选金岳霖，我祝你们永远幸福。"

金岳霖听后，认识到林徽因与梁思成之间的爱情，便主动退出了这场情感纠葛。

林徽因去世后，金岳霖教授满怀深情地写下："一身诗意千寻瀑，万古人间四月天。"之后，他无私地照顾林徽因的子女。可见林徽因在他心目中的地位之重。

有的女人，即使读了一辈子的书，经历了无数的事情，却始终参不透人生的某些道理，比如男人、爱情、梦想，所以常会在一个地方摔倒，容易迷失在生命的洪流当中。而知性女子懂得如何去经营自己的生活，即使年复一年的油米柴盐，她们也知道如何将之变成乐趣并尽情享受。知性女子对爱情忠实，也充满了热情与幻想，但她们不依靠爱情，不把爱情当作生命的唯一，更不会把全部希望寄托在一个男人身上。她们扮演着自己的角色，独立而坚强。

知性的女子，偶尔哭泣或大笑，但她们心境平和，这让她们在任何时候都处乱不惊，有着坐看闲云的气度和风范。知性女子可以心平气和地行走于物质当中，她们不会让自己的精神贫穷，即使寂寞，她们也懂得如何享受这寂寞。面对各种纷争与复杂，她们淡然一笑，其中的坦然与纯真让许多人望尘莫及。

❋ ❋ ❋ ❋

追寻有品位的生活

有人说："好女人是一本好书。"而一个有品位的女人，更是一本永远让人读不够的书。有品位的女人总是不断地为自己

"充电"，让自己更完美、更充实，让人总能在人群里一抬眼就发现她身上夺目的光彩。

假如女人是一朵花，那么，品位就是滋养这朵花的水分。

一个被称赞"有品位"的女人，即使貌不惊人、财不能车载斗量，周身也会散发出耀眼的光芒。

小娴是个漂亮的女孩，是大都市中标准的"白领"。经常收到诸如"你的衣服很漂亮""你的发型很时髦"之类的赞美的她，也常常因此感到骄傲。同大部分年轻女孩一样，她希望自己成为别人眼中最漂亮的那一个。

小娴的一个客户叫季宁。季宁不是特别耀眼的帅哥，但是很耐看。当小娴第一次看到季宁时，得体的西装衬托出他与众不同的气质，他的风度翩翩给小娴留下了深刻的印象。小娴很乐意与这样的绅士合作，并且日久生情，爱上了季宁。

在同事的鼓励下，小娴鼓足勇气向季宁表白。收到爱慕的季宁并没有过多地表态，不拒绝也不接受，但他允许小娴出现在自己的视野里，这让小娴有了更多的自信。别人都说他们"郎才女貌很般配"。

小娴生日那天，季宁出现在小娴的家门口并带来一份精美的礼物。但当季宁把目光扫向满屋的狼藉和破旧的沙发后，他的眉头微微皱起——这样的环境令他失望。对方微小的表情变化令小娴尴尬不已。突然，一只忽然窜出的脏兮兮的小狗，彻底吓到了季宁。只待了一会儿，季宁便称有事先走了。

季宁转身的那一幕，使小娴深受打击。一个漂亮女人背后不为人知的一面，就这样被赤裸裸地剥开了。

小娴看着自己捡来的流浪狗，它正可怜巴巴地啃骨头，身上的毛都已卷起，像穿着一件多年没有洗过的旧衣服。屋里破旧的沙发，是有缺陷而便宜处理的优惠商品。还有满床的衣服，她总想着买漂亮的衣架将它们悬挂起来，却一直拖到现在……

以后的每一天，小娴都用心整理家里的东西。破旧沙发很快被她处理掉，她用节省下的美容的钱换了一张新的软皮沙发。她又买来小小的衣柜，将各种衣服整理干净后挂在柜子里。朋友再来做客时，看到她精心收拾的家，不由地称赞起她高雅的品位。

不是生活状况决定品位，而是品位决定生活状况。品位不一定是奢侈品，也不一定就是消耗品。有品位的女人不追随潮流、标新立异、追求奢华，也不胡乱将就、流于粗陋，更不会反复强调重返青春的愿望。她们从混乱和盲目中跳出，用经验和眼光让自己变得更美，用智慧和修养不断完善自我。

如果说性感魅力是女人外在的美丽，独立自信是女人内在的气质，那么品位格调则是女人价值的终极展现。一个有品位的女人，穿着得体的衣服，可以展现脱俗的气质，这脱俗气质源于她的文化内涵。她微笑地聆听并辨析别人的谈话，说话风趣幽默却从不张扬。她不附和流行却修饰得体，在每个场合中出现都令人如沐春风。生活中，她是温柔的妻子、朋友般的母亲，和丈夫交流情感、工作，和孩子柔声细语地沟通，从不因家务或年龄而怠慢自身的修养。工作中，她认真负责，能力超群，是单位"人缘"最好的同事、不可多得的人才。平日里，她喜欢看书、听音乐、为心爱的人下厨，于不经意间展现出不可多得的女人味。

夏琳琳早已站在了"青春的尾巴"上，但她睿智得体的谈吐、时尚高雅的装束，无不流露出令人心动的成熟韵致。在所有朋友的心中，她是一个品位高雅的幸福女人。

夏琳琳认为，要想做一个永不落伍的时代女性，品位应是毕生的追求。因此，在生活中，夏琳琳总是从点点滴滴做起。她剪了适合自己的发型，头发永远保持光亮和清洁；她注重保养，用心呵护肌肤。就算是旧衫裙，但搭上一枚别致的胸针或一方小丝巾，经夏琳琳之手都可令人感觉眼前一亮，都充分展示出她的神韵和个性。她从不提破旧或磨损的手袋，鞋子无论新旧，都保持光亮。出门前，夏琳琳都会洒几滴香水，哪怕素面朝天、衣着俭朴，也要展现出自己最好的状态。

在陌生或熟悉的人面前，夏琳琳明朗而愉悦的笑容总让人心生好感。她的床头常放几本喜欢的画册、散文集，她会在睡前打开台灯翻阅。假日里，她喜欢去美术馆、音乐厅，陶醉在艺术的气息里，拉近自己与艺术的距离。此外，她还学习插花，并通过一段时间的用心学习小有成就。

有品位的女人会用自己的眼睛去发现身边的美，并用心去感受。其实品位的培养并不复杂，每个注重细节打造的女人，都有可能成为一个有品位女人。真正的品位，会使终日蒙尘的生活闪闪发亮。执着于品位的女人是热爱生活的人；而追寻有品位生活的女人，也一定是一个优雅别致的女人。

❀❀❀❀

让修养成为你的"名片"

女人可以不漂亮，可以气质一般，但绝对不可以没有修养。

有修养的女人从不随心所欲，也不唯我独尊。她们深知"己所不欲，勿施于人"的道理，所以她们善待他人，而这种品质恰恰是女人最美丽的一面。一个有修养的女人，不会因岁月的流逝而渐失光彩，相反，她会因心灵的不断提升而日益绽放出自己的光华。

在一次世界文学论坛会上，一位相貌平平的小姐端正地坐着。她并没有因为被邀请到这样一个高级的场合而激动不已，也没有因为自己的成功而到处招摇。她只是偶尔和人们交流一下写作的经验。更多的时候，她在仔细观察着身边的人，一会儿，一个匈牙利的作家向她走过来。匈牙利作家问她："请问你也是作家吗?"

小姐亲切而随和地回答："应该算是吧。"

匈牙利作家继续问："哦，那你都写过什么作品?"

小姐笑了，谦虚地回答："我只写过小说而已，并没有写过其他的东西。"

匈牙利作家听后，顿有骄傲的神色，掩饰不住自己内心的优越感，得意地说："我也是写小说的，目前已经写了三四十部，很多人觉得我写得很好，也很受读者的好评。"说完，他又疑惑地问道："你也是写小说的，那么，你写了多少部了？"

小姐很随和地答道："比起你来，我可差得远了，我只写过一部而已。"

匈牙利作家更加得意了，"你才写了一本啊，我们交流一下经验吧！对了，你写的小说叫什么名字？看我能不能给你提点建议。"

小姐和气地说："我的小说名叫《飘》，拍成电影时改名为《乱世佳人》，不知道这部小说你听说过没有？"

听了这话，匈牙利作家顿时羞愧不已，原来这位小姐就是鼎鼎大名的玛格丽特·米歇尔。

修养，是一种由内而外散发出的能量，是一种长久地融于一身的生活品位和习惯，是一种源于内心的需求和表达。这看似简单的两个字，却足够让人琢磨和学习一辈子。

有修养的女人，从不会放纵自己，苛责他人。有修养的女人，善待自己，宽容他人，会真诚地聆听他人的心声，感受他人的喜怒哀乐，尊重每个人，无论对方贫穷富有、高尚卑微。有修养的女人，不会在公共场合大声喧哗、高调炫耀，更不会说出尖酸刻薄的话。有修养的女人，落落大方，举止从不轻浮，永远给人如沐春风的感受。

曾经，有位女子跟随朋友到美国的一个自然公园旅行，而后被美国人热爱露营的激情感染，她也简单地收拾了一下车厢，加入美国人露营的队伍。那是一片原始森林中整理出来的一块空旷地，有100多辆车、100多个露营的家庭与伙伴，晚上大家支起篝火，享受着热情与美好。大家一起听音乐、烤肉、喝酒……第二天，当她醒来时，所有的车辆已悄然离开了这里。她惊奇地发现，这里完全没有100多辆车、几百口人宿夜的痕迹，地上没有任何的废弃物，连一张碎纸、一根吃剩下的骨头都没有，用来清洗的水池里也没有任何残渣，那一刻她被深深地感动了。

修养不是天生的，没有人生来就是一个有修养、重礼仪的人。修养需要后天的培养与修炼。所以，不管你是不是一个漂亮的女人，你都要努力让自己更有修养，因为修养是一种可以超越容貌的光芒。

修养对于女人而言，就如同化妆品里的营养液。外在的修饰如同粉底，一瞬间就可让女人变美、变白，但卸妆后仍会回归到本来面目。营养液则不同，其功效虽然不是立竿见影，却能让女人保持恒久的魅力。

《中国美容时尚报》社长张晓梅说："我始终认为，女性的修养程度是衡量社会文明的一个重要标准，女人的修养决定着一个国家和民族的修养和前途。我特别想告诉女性朋友们的是，女性修养、女性魅力是需要用心体味和感悟的，它是女人修炼的结果。"

杰克·伦敦曾在一篇小说里写过这样一个故事：

一艘即将启程的游轮上，一群绅士与几个男孩做着游戏。一位绅士将一枚金币抛向海中，便会有男孩紧跟着跳下，谁捞到那枚金币，那枚金币就归谁所有。其中，一个少年很引人注目，他就像一个发亮的水泡，灵活和矫健的动作让人大为赞叹。

这时，甲板上走来一位美丽的女子，所有的男士都被她吸引，向她大献殷勤，而游戏还在继续进行。海面突然出现了鲨鱼，大家连忙住手，那位女子却伸手向一位绅士要过金币，忘乎所以地向海中抛去。几乎在同时，那个少年以一个漂亮的弧线向船外跃出，刚跳落到海里就被鲨鱼咬成两段。

人们都吓坏了，纷纷离开，没有谁再理睬那位美丽的女子。女子吓得脸色惨白，在一位绅士的搀扶下，慢慢地走回房间……

能吸引绅士们的注目，博得众人的好感，可以想象那位女子定是一个装扮出彩的女人。可她的举止透露出的却是罕见的粗俗与残忍，这与高尚的修养格格不入。相比之下，外在装扮就变成了肤浅的表象，因为她少了一颗有修养的心。

任何表面上的美丽都是短暂的，作为女人，不应只注重外表。但愿每个女人都能够记住李甲孚教授说的那番话，做一个这样的女子："她的造型那么自然端庄，她的身材那么健康修长，她的举止那么动人大方，她说话的声音那么悦耳动听，她的表达能力那么清晰机警，她的智商知识那么充实丰盈。这是我心目中的现代女性形象，也衷心渴盼女性们有此修养。"

❀ ❀ ❀ ❀

自信，使女人魅力一生

美貌可使女人骄傲一时，自信却可使女人魅力一生。一个人可以没有超群的外貌，但不能没有自信。

每个女人都有属于自己的一种魅力，只是因为有的人太自卑、太缺乏自信，以至于使自己的优点、长处、潜能得不到挖掘和展示。有内涵的人自有一种气质，而这种气质往往来源于自信。

自信是一种迷人的品质，自信的女人，总是精神焕发、昂首挺胸、神采奕奕、信心十足地投入到生活和工作中去。自信的女人，不惧怕失败，她们会用积极的心态面对现实生活中的不幸和挫折，用微笑面对扑面而来的冷嘲热讽，用实际行动维护自己的尊严。自信的女人，拥有一种坦诚、坚定而执着的精神。当一个女人拥有了自信，整个人就会散发出不一样的光彩。

2003年的"中国环球小姐"吴薇，单从外表来看，清秀纯情、落落大方，普通得就像一个邻家女孩。

吴薇属于耐看且越接触感觉越好的那种女孩。她淑女式的微笑背后是无比的镇定和自信，在不同的场合，她用真诚的眼神和话语礼貌而诚恳地回答不同的问题，没有一丝拘谨。她的自信、聪慧、踏实和从容让她显得格外美丽。

在参加环球小姐比赛之前，吴薇只是一家银行的普通职员。后来她多次参加选美比赛，均以卓尔不群的古典气质和非凡的亲和力让评委和现场观众赞叹不已，接连获得世界福清小姐大赛的第三名和石狮形象小姐冠军。

女孩参加选美，有时会受到人们的不解和非议，但吴薇认为：“选美本身并没有错，它可以把美和爱带给世界上的每个人。而参加选美对于一个女孩来说也是一个锻炼的过程，比如我以前面对大场面可能会害怕，但是现在不会了，通过这样的大赛，我成熟了。”

吴薇第一次参加选美比赛，由于经验不足，决赛时败下阵来。不过，这个“第一次”对吴薇的心理承受能力是一个很好的考验，也为她日后的成功奠定了良好的基础。

2003年4月，环球小姐中国赛区的比赛在济南举行。23岁的吴薇抱着“最后一搏”的心态再次出征。她说：“当时我想不管结果如何，中国小姐的选拔都是我最后一次参加比赛，我希望趁自己还有比较好的状态时去见识一下五湖四海的女孩。”吴薇注重的是参与的过程而不是结果，所以尽管在分赛区的比赛中，她只得了第四名，但她还是积极地参与到总决赛的培训中，把自己最好的精神风貌带到总决赛。这次，吴薇笑到了最后，把“中国环球小姐”的桂冠紧紧握在了自己手中。

有人问吴薇：“你夺冠的最大优势是什么？”

吴薇笑着说：“其实我始终都认为自己是个平常人。环球小姐的比赛就是为我这样的普通女孩准备的，每个自信的女孩，都能站到这个舞台上来。我得了奖，是我刚好得到了一次机遇。”

有一句话说："自信的女人才美丽。"对女人来说，缺少自信是"扼杀"美丽的凶手，一个人自信不足，就无法体现出女性应有的魅力，更不会成就、主导自己的人生。拥有足够自信的女性，才能展现出美丽，描绘出绚丽的人生。女性的自信从何而来？它不仅来自于外貌以及外在的丰足物质，更来自于丰盈的内心世界。

自信不是天生造就的，它是后天培养出来的，是在孜孜不倦地追求生命的最高质量和境界的过程中，用内在的灵感和魅力去拥抱和欣赏生活自然形成的。不论在什么场合，一个女人能谈笑风生、落落大方、衣着得体、动作恰到好处，定能在众人中脱颖而出，成为一道亮丽而独特的风景线。

每个女人都想拥有靓丽的容颜、苗条的身材、惹人爱怜的似水柔情，可这些有时也会成为无法摆脱的重负，将她们羁绊住。为了容颜和身材，她们花大把的金钱和时间美容、健身；为了似水柔情，她们放弃自我的个性。其实，真正的美丽，是一种光彩，是自然而然的流露。自信、从容的女人就是美丽的女人，这样的女人从头到脚都可以散发出优雅，是漂亮的脸蛋比不了的。

意大利著名影星索菲娅·罗兰半个世纪以来出演了70多部影片，她用自己动人的风采、卓越的演技给人们留下了深刻的印象。她的美不是静止的、平面的，而是以一种最浓烈的方式留给了电影。1961年，她获得奥斯卡最佳女演员奖。很多导演由衷地表示，与索菲娅·罗兰的美丽相比，奥斯卡简直不值一提。

然而，索菲娅·罗兰的从影之路并不是一帆风顺的。

索菲娅·罗兰16岁时只身来到罗马，因个子高、臀部宽、鼻子长、嘴巴大等引来的各种非议，使她几乎失去了做演员的资格。

后来，索菲娅·罗兰被一位制片商看中，多次参与试镜，但摄影师抱怨无法把她拍得更美艳动人。制片商听了摄影师的抱怨后找到索菲娅·罗兰，对她说："索菲娅，如果你真想干这一行，我建议你把鼻子和臀部'动一动'，做一次整容手术，那样会更好些。"

但有主见、不愿随波逐流的索菲娅·罗兰断然拒绝了制片商的要求。在她的心里，始终坚持着这样一个原则：我就是我自己，只有做好了自己，我才能向他人学习。

索菲娅·罗兰决心靠自己内在的气质和精湛的演技去征服观众，于是她找到制片商，理直气壮地说："对不起，我不能这样做，我就是我自己，只有做好了自己，我才能向别人学习，这是我的原则。虽然我的鼻子太长，但它是我脸庞的中心，它赋予了我脸庞的独特个性，我很喜欢它。至于别人怎么说，我无法改变，嘴长在他们身上。我只要坚持我的原则就够了。"

虽然很多议论对索菲娅·罗兰很不利，但她从未因别人的议论而停下自己奋斗的脚步，反而越挫越勇。从17岁正式进入电影界起，她一生拍了100多部影片。索菲娅·罗兰的演技堪称炉火纯青，她得到了无数观众的认可，事业上成功不断。而刚出道时索菲娅·罗兰遭到的诸如鼻子长、嘴巴大、臀部宽等非议通通不见了，取而代之的是更多的好评，以前的缺点甚至成为当时评选美女的标准。20世纪末，已经60多岁的索菲娅·罗兰还被评为"最美丽的女性"之一。

后来有人问起索菲娅·罗兰的成功时，她是这样回答的："我谁也不模仿，不像奴隶似的跟着时尚走。我只要做我自己。当你把自己独特的一面展示给别人的时候，魅力也就随之而来了。"

当代著名作家毕淑敏曾说："我不美丽，但我拥有自信。"自信是一种美，一种持久的美。天生丽质、花容月貌的女人固然漂亮，但若少了自信、优雅、从容、淡定，她的美丽也是缺少灵魂的。只有自信的女人，才会拥有迷人的风韵，才会拥有惊人的美丽。

❀ ❀ ❀ ❀

张扬个性，活出不一样的精彩

每个人都有其内在的独特的东西，与其一味模仿他人，不如做好自己，张扬与众不同的个性。

人应更爱自己些，如果连自己都不爱，还指望别人会爱你吗？茫茫宇宙中，每个人都是独一无二的。在欣赏别人的同时，也要学会欣赏自己。

杨二车娜姆没有过人的美貌，也没有令人美慕的财富，但她照样活出了自己的美丽，并在人们的心中留下了深刻而独特的"烙印"。一提到杨二车娜姆，人们都会对她啧啧称奇："她太有个性了！""她的味道很独特。""她真不简单！"……的确，这个不平凡的女性身上，鲜明地体现了她的张扬个性。

　　14岁那年，一支采风队"采"中了杨二车娜姆和另外三个女孩，要她们到县里参加歌唱比赛。杨二车娜姆的人生由此翻开新的篇章，她怀着唱歌的梦想，独自来到城市，走进上海音乐学院、中央民族歌舞团，前往世界各地。这只"中国的夜莺"，用不可思议的甜美嗓音，向世界展现她独特的美丽。

　　唱歌之余，杨二车娜姆笔耕不辍，她的《走出女儿国》《中国红遇见挪威蓝》《你也可以》《长得漂亮不如活得漂亮》等作品不仅感染了许多中国女人，还被译成多国文字，受到不少国外女性的好评。

　　生活中的杨二车娜姆随性自然：一条牛仔裤和一件T恤就这样套在身上，买很重的东西拎着回去，不顾形象却活力充沛。她性格直爽，会和装修房子的工人争论，随后又若无其事地给人家买水果。她还时常去花市，捡几片花瓣回家放进盆子里，纯粹只为不花钱地美一美。工作中，她着黑色公主服，戴白金项链，披一头长发素面朝天。社交宴会时，她则穿上华丽的印度长裙，大大方方、不卑不亢，轻轻松松成为宴会上风头最劲的美女子。

　　杨二车娜姆这样评价自己："在常人眼里我长得不算漂亮，但自认活得漂亮；我这张嘴虽不够性感，但吃过世上的山珍海味，也吃过人间最多的辛苦；我这双眼睛虽不算漂亮，但让我看过人间的各种美景和辛酸艰苦！我的性格注定了我的命运只能这样，我喜欢在路上的感觉、转换不同的角色、尝试各种事情。只要我想，我就要去做，没有什么可以拦住我！"

正是不断发掘自己、坚持率真个性的一贯作风，让杨二车娜姆"活出漂亮的自己"。

每个女人都拥有自己独特的美，要善于挖掘这独一无二的美丽。浪漫的女人，敢于做本色的自己，在生活的道路上一路高歌热舞，活出漂亮的自我！

克里希那穆提曾说过："你看，一朵百合或一朵玫瑰，它从来不假装，它的美就在于它就是它本来的样子。"

只可惜，世间许多女子并未读懂这句话。她们把眼光投向外界，追逐自己想象的"美好事物"，却忽略了自己的本性。有时，她们还被外物牵绊，不得不伪装和改变自己，直到最后迷失了自我。

高兴就笑，难过就哭，按自己的方式生活，不企图变成任何人，接纳不完美的自己，活出真实的自己，才是人生最好的礼物。

从不谙世故的纯洁女孩到众人瞩目的王妃，再到公然与王室决裂、同查尔斯王子离婚，戴安娜非凡的经历充分展现了她敢爱敢恨的鲜明性格。

1981年7月29日，查尔斯王子和戴安娜举行了耗资200万美元的"世纪婚礼"。婚后，戴安娜正式成为王室的一员。她从一个普通女孩成为王妃，不仅是身份上的改变，还意味着她的一举一动都不再只是个人之事，而是代表了王室形象。戴安娜面前有两种选择：要么放弃与生俱来的个性和从前的生活习惯，服从王室规矩；要么保持自己的个性，追求并活出真实的自我。

在相当长的一段时间里，戴安娜选择了前者，她控制自己的情绪，改变自己的性格。例如，王室对女性成员的着装有明确的不成文的规定——色调淡雅但醒目，如粉红色、浅蓝色、黄色和紫罗兰色等；裙子长短也有一定要求：长短适宜，必须过膝，不穿紧身、曲线毕露的挑逗性衣服等。为适应这一切，戴安娜常常每天换四五套衣服。由于身为王妃，在出席公共场合的活动时，她必须讲话。每逢这时，查尔斯的秘书都会为她准备材料，教她讲话。而事实上，戴安娜很讨厌背诵这些东西，也不愿按照事先准备好的内容讲话。这种生活令她感到窒息。戴安娜犹如关在笼中的"金丝雀"，高贵却没有自由。

如果说"性格决定命运"，那么戴安娜从不谙世故的女孩，变身"叛逆王妃"，就是她抗争命运的结果。她以自己的叛逆性格和实际行动向传统与王室发出挑战。为实现自我天性，戴安娜选择无视王室的约束。她最终选择遵循自我叛逆的个性，这使她与王室渐行渐远。

1996年2月28日，戴安娜和查尔斯正式离婚。离婚后，戴安娜依然迷人，魅力不减。离开宫廷，她把自己全部的爱心和精力都投入慈善和公益事业中，她亲和的形象深入人心，最终成为英国民众公认的"人民王妃"。

其实，每个人都有自己的特点和个性，这个真实的自我是你和别人相处时展示出的基本姿态。我们一定不能放弃自身的个性，要活出真正的自己，展现出自己独一无二的个性。

做寒风中绽放的腊梅

现代社会为女人提供了广阔的人生舞台，她们可以尽情展现自己的智慧和才能，独立并快乐着。她们依靠自己，在奋斗的过程中往往会收获更多的成就感和幸福感。

法国著名的服装设计师香奈儿，是一个崇尚独立、个性开放的时尚女性。以她的名字命名的香水和服装至今仍是世界上最顶尖的品牌，她的名字更是被誉为"女性解放与自然魅力"的代名词。

香奈儿的个性极强，30岁后还清了所有的债务，她独立了。从1930年到去世，她独自住在巴黎利兹饭店的顶楼上。她是全球时尚界的骄女，却不是谁的妻子或情人，也不是哪个孩子的母亲。

香奈儿在回忆自己漫长的一生时，给女人们留下了这样的忠告："也许我会令你感到惊讶，但归根结底，我认为一个女人若想要快乐，最好不要遵从陈腐的道德。做出这种选择的女人具有英雄的勇气，虽然最后很可能付出孤独的代价。但孤独能帮助女人们找到自我，而且忙碌起来也能使你的分量加重，所以我很快乐，但几乎没人知道这一点。"

虽然香奈儿也和绝大多数女人一样渴望爱情，但她痛恨依赖男人。只要不对她的人生构成羁绊，她也很乐意有男人为伴。但如果有人硬要她在事业和男人之间做出抉择，她一定会选择事业。

用世俗的眼光来看，香奈儿的人生算不上完美，且可说遗憾众多，甚至还曾犯过许多错误，但这并不影响她在很多男人心目中的完美女人形象，而这，在很大程度上都归因于她的独立。

独立的聪明女人犹如盛放的腊梅：矜持端庄的花姿、娇鲜夺目的花朵，衬以淡绿色的叶片，散发着属于自己的芬芳，姿态永远优雅，气质永远迷人。

每个人都是独立的，聪明的女人懂得为自己而活，自尊、自强、自爱，活出生命的价值。

儿时，她从垃圾堆里翻出了一本《安徒生童话》，从没读过任何书籍的她如获至宝。回家后，借着昏暗的灯光，她如痴如醉地翻看了起来。

她叫丹尼拉·考特，一个贫穷到几近食不果腹的家庭的小女儿，每天放学后都去捡拾废品，期望以此来赚得微薄的收入补贴家用。这天晚上，当她看到那本童话书时，她不禁开始幻想："我也是个灰姑娘，或许也会遇到我生命中的白马王子，从此过上幸福的生活。"

此后，丹尼拉开始对生活有了期待。她常在镜子前打量自己，然后对自己满意地微笑。她兴奋地告诉父亲："我想捡到更值钱的东西，我要去富人区看看。"

丹尼拉一辈子也忘不了那天。天色微暗，她正在富人区小心地翻着垃圾桶。突然有人从背后将她狠狠地撞倒。爬起来后，她发现自己对面站着一位帅气的男士，笔挺的西装显示出了他富有的身份。丹尼拉心中升起了些许小幻想，她先开口道歉。

故事里都是这样描述的：灰姑娘开口，王子就会与她相识。可一切并没有朝她期望的方向发展：男人眉头紧皱，厌恶地用手帕将鼻孔捂住，半天才哼出一句话："哪儿来的捡垃圾的？还不快滚！"

听到这样的辱骂，丹尼拉的心里有说不出的滋味，她飞快地逃离了那里。从那一刻开始，丹尼拉停止了自己看似美好的幻想习惯，开始明白：灰姑娘的幸运永远只会停留在童话世界里。

之后，丹尼拉变得自重起来。她虽继续过着贫寒的生活，却坚信总有一天会让家人过上好日子。没想到的是，幸运之神以另一种方式悄悄地眷顾了她：一天晚上，当她将最后一点垃圾装入小车后，一位女士将她叫住："姑娘，是否有兴趣成为模特？"

这位女士就是阿根廷著名的项链设计师玛莉娜·冈萨雷斯。后来她回忆说："当时的丹尼拉每天都在我家门口捡垃圾，她虽然衣着破旧，却浑身洋溢着一种摄人心魄的气质，而这种将庄重、孤傲与朴素融合在一起的气质，使她走入了现在的世界。"

在玛莉娜的帮助下，丹尼拉开始走向T台。通过一系列的训练与精心雕琢，她如同脱胎换骨一般并迅速走红。在2008年的"世界精英模特大赛"阿根廷赛区，丹尼拉脱颖而出，勇夺桂冠。

成名后，有富家公子不断向丹尼拉求爱，但她拒绝了。她说："我想，我不需要'王子'的拯救，我还要将我的想法告诉那些正对'王子'充满幻想的女孩，没有人是你的救星，自强自立才是安身之本。"

一位哲人曾说："寻找迷失已久的精神自我吧，获取生命自由的唯一手段只能是自己塑造、扶持自己。没有人在实质问题上可以帮你，关键是要精神自立。"

独立的女性自信、快乐、魅力四射，她们是一道最迷人、最亮丽的风景线。她们不但能分担男人在经济上的压力，更能与男人轻松平等地交流，这不能不说是一种幸福。

第五章

❋

蕙质兰心，
穿越岁月的思想之光

❋ ❋ ❋ ❋

　　有思想的女人是底蕴十足、自信迷人的，她们具有独立完整的人格。有思想的女人是阅历丰富的，她们闪耀着智慧的光芒，精致而成熟。即便青春不再、容颜老去，但她们仍有超群的气质、不俗的才艺，这是她们的魅力所在。

❀ ❀ ❀ ❀

激活你身上的艺术天分

古今中外，气质非凡的女性大多都受过一定程度的艺术熏陶：无论是善舞的唐代贵妃杨玉环、擅长钢琴弹奏的撒切尔夫人，还是有"丹青能手"之称的宋美龄、精通服装设计的摩纳哥公主斯蒂芬妮，皆受过艺术上的训练，可谓气质脱俗。

在哥本哈根的大街上，人们有时能看到丹麦女王玛格丽特二世的身影，她被丹麦人亲切地称为"平民女王"。

玛格丽特生于王室，父亲斐德烈九世与母亲英格丽德王后让她从小就接受了良好的教育。加之天资聪颖、勤奋好学，她不仅精通英语、法语，还专修了丹麦国家事务课，在丹麦空军妇女志愿队学习相关知识。玛格丽特爱好广泛，滑雪、击剑、柔道、体操、射击、跳水、打网球、田径等均有涉猎。她最喜爱的运动是跳芭蕾，几乎每天，玛格丽特都要练习舞蹈，每周还要同几个朋友跳一次芭蕾。

玛格丽特还喜欢绘画，并可谓天赋超群。早在小学时，她就参加了国际儿童绘画比赛并获得名次。从此，她对绘画的热情越发不可收。玛格丽特系统地学习了绘画知识和理论，勤奋地钻研绘画技巧。年复一年，她对素描、油画均颇有造诣，创作了不少出彩的作品。随着玛格丽特在绘画方面知名度的提高，不少出版社找她作画，她常常应邀为即将出版的小说、诗歌、童话、传奇故事插图，并受到出版社和广大读者的好评。1970年圣诞节前，玛格丽特设计绘制了一套50张连环圣诞画的邮票。这套邮票构思新颖、画面精巧、人物形态各异。每张邮票上都有至少一只形象逼真的天使图案：吹奏乐器的、打钟的、擦拭十字架的、排练大合唱的、擎蜡烛列队前进的……深受人们的喜爱。

女人天生具有一种灵性，如出水芙蓉般纯净，似柔风细雨般温柔。有才艺的女人，更拥有了一种别致的美：妩媚而不乏知性，娇柔而又空灵。琴棋书画、歌舞诗赋，这些艺术之美可谓经久不衰、久品不厌。

俄罗斯著名芭蕾舞艺术家乌兰诺娃是世界级的芭蕾大师，曾多次荣膺列宁勋章和斯大林奖金，是俄罗斯总统文学艺术奖的获得者，在国际上享有盛誉。

乌兰诺娃的舞姿"像云般柔软、风般轻盈，比月更明，比夜更静"。连蜚声世界的电影导演爱森斯坦都如此评价她："乌兰诺娃……高大无比，她是艺术的灵魂，她本身就是诗，就是音乐。"

乌兰诺娃童年就表现出了与众不同的特质。她的动作轻盈灵巧，对美的事物嗅觉敏感，对音乐尤其偏爱。

有一次，乌兰诺娃的母亲去观赏学生演出的《护身符》。舞台上，女学生们扮演的一群"星火"满台飞舞，其中一个女孩的造型特别吸引人，表演很有张力。她突然发现，这个女孩居然是自己16岁的女儿。

在彼得格勒基洛夫剧院芭蕾舞团工作期间，乌兰诺娃凭借自身非凡的艺术才华，先后在多部剧中成功地塑造了不同的女主人公形象，成为苏联首屈一指的芭蕾大师。

事实上，乌兰诺娃不仅在舞台上跳舞，更是把自己和角色融为一体。她以丰富的表现力展现了人物的情感和思想，揭示了人物崇高的精神世界。乌兰诺娃塑造的人物有血有肉、形神兼备，具有极强的感染力。

才艺非凡的女子，总令人心生向往。在世人的眼中，她们落落大方、魅力无限。所以，激活你身上的艺术天分吧，这样就会提升你的气质与魅力。

❋ ❋ ❋ ❋

在心底给自己的兴趣留块儿地

人是会累的，在生活的海洋里漂泊，总有需要靠岸的时候。爱人可能离去，金钱可能散尽，朋友可能疏远，而兴趣爱好却能成为人最后的港湾和心灵永久的栖息地。爱好，即使只有一样，也能在事业不顺时给予自己勇气，在被遗忘、被忽略时找回信心。

一次争吵中，他说她乏味市井，满脑子全是鸡毛蒜皮的小事。

这样的话，深深刺痛了她的心。只是七八年的光景，一切怎么变得如此陌生？当年，她喜欢读书、旅行、交友、茶艺……大学毕业后，她原本打算考研究生，可男友一再恳求她结婚，爱情至上的她毫不犹豫地嫁了。

很快，丈夫要去读博士，她有了孩子，只得在家做全职主妇。丈夫越来越忙，为了不让他分心，她把一切都心甘情愿地扛在自己身上。两人之间所处的环境差异逐渐拉大，沟通越来越少。她有点委屈：为什么自己做了这么多，他却视而不见？

直到那天，他们为买书柜的事吵了起来。丈夫竟说出那番伤人的话，她实在接受不了。可想想自己的现状，30多岁，过的日子却与50多岁退休的人没什么区别。难道为了家庭，女人必须得这样？不能有自己的爱好和自己的一片天吗？

几日后，她给家里找了保姆，让公婆帮忙带孩子，自己重新去了茶舍上班。她喜欢茶叶的清香，也喜欢茶舍的安静清闲。工作中，她结识了许多有品位的朋友，这让她觉得世界好像变大了。几年后，她成为这间茶舍的经理。偶尔闲暇时，她会在店里、家里品茶。给丈夫介绍茶艺时，丈夫的眼神里有欣赏、尊重，她从骨子里透出的自信，令人心动。

没有哪个女人是真正乏味的，她们都有各自的兴趣爱好，只是在生活的压力下，她们默默地把爱好藏了起来。其实，大可不必如此。无论恋爱还是婚后，两个人在一起都应该让彼此更加独立、快乐，而不是为了对方放弃自我。有人说："在一起的两个人就像是两个交叉的圆，交叉的那部分是彼此可以分享的领域，未交叉的部分是个人成长的空间。让彼此保留原来的个性和空间，如此才会有长久的吸引力。"

更重要的是，当女人拥有兴趣爱好和精神领地时，她会生活得更快乐，也会更自信。就算人过中年，但心灵上的富足所折射出的美，也是光彩照人的。

20年前，白嘉和郝雯都是漂亮的女人，情同姐妹的她们从人群中走过，总能惹来众人的频频回望。20年后，她们都步入了中年，不同的是，白嘉身上早已没了当年的美丽，而郝雯身上却散发出一种中年女人特有的成熟韵味。

让两个美丽女人之间拉开差距的，不是无情的岁月，而是她们自己。

漂亮女人，永远是男人追捧的焦点。白嘉的丈夫当年那番热烈的追求，让她迷失了方向。他说"我会对你好一辈子"，她就彻底放弃了所有，安心在家做个小女人。起初，她沉浸在爱情的喜悦中：收拾房间、洗衣服，把小家打理得干干净净，每天做好饭，等着丈夫回家。这样的日子，一两年下来相安无事，可到了第五年，一切都变了。

白嘉没有出去工作过，对外面的世界不太了解，而家里的负担全靠丈夫一人，这时他们已有两个孩子。丈夫有点力不从心了，也有点厌倦了。每次到朋友家做客，他也会让白嘉打扮得很漂亮。可外在的包装永远掩盖不了内心的空乏，白嘉也感觉到自己落伍了。他们讲的事情，有一部分她根本没听过，也不了解。

丈夫和朋友提及的那些烦恼，她也是第一次听说，问起丈夫为什么不和自己说说，丈夫说："说了你也帮不上忙。"

白嘉没有一技之长，也没有特别的喜好，平淡的日子渐渐磨去了她外表的美丽。白嘉变得爱唠叨，有事没事就和街坊四邻闲聊，全是张家长李家短的琐事。

郝雯读完高中后，因为父母身体不好，放弃了继续读书的机会。身为大姐的她，进了毛巾厂工作，担负起养家的重任。工作之余，她有个爱好，就是织毛衣。她是个爱美的女人，经常给自己织各种各样的围巾、披肩和毛衣。有一次，她围着一款别致的披肩出门，路上遇到一位很有品位的太太，非要买她的披肩。她承诺，可以帮那位太太织一条。从此，她萌生了开一间精品毛衣店的想法。后来，郝雯辞掉了工厂的工作，专心做自己喜欢的事。

郝雯的丈夫在机关单位做科长，家庭条件不错，他一直劝太太别太辛苦。但郝雯自己并不觉得辛苦，她觉得女人有一份爱好，能做自己喜欢的事，挺幸福的。况且，自己在开店的过程中，接触了很多人，也与不少顾客成了朋友，充实的生活让她找到了自己的价值。

如今，年过40的郝雯，走在街上仍是气质不俗。她的店也和她的人一样与时俱进：只要顾客拿来喜欢的毛衣款式，只要有图片，她就可以为顾客定做。店里的毛线种类齐全，总能给顾客提供满意的选择。郝雯也喜欢设计新款式，做一两件新款穿在身上，比做广告更直接、更实在。

20年来，郝雯始终没有放弃自己的爱好。这份精神食粮，让她的心灵找到可归依的港湾，也为她创造了一笔财富，就像是一次性存入银行的本金，源源不断地产生"快乐利息"。

伟大的思想家罗兰曾说："当你所做的事情是自己的爱好时，你会发现你做起事情来就会事半功倍。爱好能让人变得聪明，也能给人带来动力，做自己喜欢做的事情会在过程中得到快乐，在困难中得到鼓励！"

女人有了自己的兴趣爱好，生活将丰富而精彩。修身养性，提高品位，人会乐在其中，很是舒心。从兴趣爱好中寻找、发现生活新的色彩吧，这样可以让原本美好的日子变得更加有滋味。

❀ ❀ ❀ ❀

气质美女也需有几道拿手菜

在暖暖的灯光下，一家人围在桌旁，一起分享美味的晚餐，感动与亲情在这美味中悄然流转，温馨有爱！

女人可以不太会做菜，但最好有几道拿手菜。

有个女孩最讨厌下厨做饭。她的父亲也不喜欢下厨，却喜欢为她的母亲下厨做鱼香茄子。她不明白，母亲为什么那么喜欢，每次都吃得津津有味。

一次，女孩和男友吵架了。那天，她懒散地坐在沙发上看电视，男友不停眨眼示意她去帮帮厨房里的母亲，她故意视而不见。几个回合后，男友忍无可忍，大声责备："从没见过像你这么懒的人！"她也火冒三丈，一字一顿地回击他："现在你看见了。你后悔还来得及，我告诉你，我就是不做饭，现在不做，以后也不做！"

男友正要拂袖而去，被听到动静从厨房里出来的母亲拉住了。

母亲给他们讲了关于鱼香茄子的故事。

20多年前的一个周末，家里要来客人，母亲忙不过来，就叫父亲帮忙递菜端碗。千呼万唤，父亲却只应着不挪步，眼睛都不肯从书本上移开一下。油锅"呼"一下着了火，母亲又气又急，手忙脚乱间把锅打翻了，结果烫伤了脚。

那时，父亲和母亲刚刚结婚。母亲是个很能干的女人，风风火火，不但工作上干得有声有色，而且家务事也样样来得，尤其烧得一手好菜。父亲简直是过着衣来伸手、饭来张口的生活。所有人都羡慕父亲，说娶到母亲真是他一生的福气。

那次，父亲当时肠子都悔青了。

母亲卧床的日子，突然变得很爱吃鱼。那时，生活水平低，鱼肉是过年过节才有的奢侈。母亲的伤，已经花了很多钱，朋友那里都已经借遍。所以，给母亲买过两次鱼后，捉襟见肘的父亲就只有愧疚和无奈了。

又过了一个星期，一日晚饭时间，父亲兴冲冲端了一盘菜放到母亲面前。母亲吃了一口，说不出是什么鱼，细细咀嚼，发现不是鱼肉，却有鱼的鲜香滋味。父亲得意洋洋地笑："这叫鱼香茄子，味道好吧？"

原来，父亲托朋友找了一个食堂大厨拜师学艺。人家本来不肯教的，但他好说歹说，大厨感动了，才把"绝活"教给他。家常菜其实很难做，靠手艺。父亲学了一星期才有点眉目。他像献宝一样，不停问母亲："好吃吗?"还表示以后再不袖手旁观了，一定帮母亲一起做家务活。母亲一边吃，一边掉眼泪，眼泪和着菜，全都是幸福的滋味。

故事讲完，母亲擦擦眼角，轻叹："一晃吃了这么多年。好像还有很多滋味。"刚下班进门的父亲也语重心长地说道："为所爱的人做饭，有时是一种乐趣。两个人在一起，本来就应该互相体谅和包容。"

女孩终于明白了鱼香茄子的秘密——为所爱的人做菜，本身就是一种幸福。

女人得有自己的几道拿手菜，就算要做气质美女，也要做个食人间烟火的气质美女。系着围裙做几道可口的菜，不会让女人的气质丢掉半分，反而会让女人更有魅力。

晓雅刚认识石峰那会儿，为展示自己的厨艺，为石峰做了几道菜，其中一道菜是"泥鳅炖豆腐"。石峰说："自从吃了那道'泥鳅炖豆腐'后，我就想着将来要能娶你为妻该多好啊!"于是婚后，晓雅每隔几天就做一次这道菜。这道菜虽简单，但晓雅做得却色香味俱全，显然花了心思。

对于做菜，晓雅天生有悟性。在外面吃饭点菜时，如果点了感兴趣而又不会做的菜，她会千方百计找到饭店的厨房，向厨师学习一番，回家后再实践研究，做给石峰吃。晓雅最喜欢看到石峰享受美食后那赞赏的笑容。

不管晓雅做的菜别人吃来是否美味，石峰总会在和朋友们吃饭时骄傲地对他们说："有时间去我家做客，我老婆做的菜不错。"晓雅能想得到石峰说话时脸上幸福的神情。

有段时间，晓雅找了一份记者的工作。石峰说："最喜欢看到你下班回家脱下制服围上围裙进入厨房的过程。"晓雅细细的腰身系上围裙后显得妩媚动人，石峰情不自禁地从后面把她拥在怀里，这时的她在石峰眼里最具女人味。

不要怕做饭弄脏了自己白皙的双手，真正有气质的女人，不会介意厨房的油烟味。女人有几道独特的拿手菜，不仅会让自己的生活更有质量，也会让自己更有魅力。

❀ ❀ ❀ ❀

力透纸背的底蕴，沉浸在笔墨的清香中

浮躁喧嚣的当下，依然坚持读书的女人就像一朵静静绽放的花朵，知性而优雅。

女人都渴望美貌，但纵使美若天仙，也经不起岁月的磨砺。

优雅的女人，纵然鬓发如雪，也依然散发着十足的魅力。如何拥有这种魅力呢？读书是一种无可替代的方式！

不管是持卷吟诵还是信手漫翻，沾上"书"字的女人，多了淡定、少了急躁，多了清新、少了俗气，多了从容、少了窘迫……读书，可以让女人清新脱俗、雅致迷人。

杨绛，钱钟书先生的夫人，我国著名学者、作家。毕生从事文学研究和写作的她，出版过长篇小说《洗澡》、散文集《干校六记》《将饮茶》《杂写与杂忆》，翻译过《堂吉诃德》《吉尔·布拉斯》《小癞子》《斐多》等经典名著。

杨绛腹有诗书，一直行走在写作的路上。她不仅自己写，更支持丈夫钱钟书先生的写作。一次钱钟书说："我也要写一部长篇小说！"杨绛马上赞成道："好！好！你赶快写吧！"当时他们的生活很拮据，如果钱钟书少教几节课，空出时间写书，钱便挣得少了。于是，杨绛把保姆辞退，一个人担负起做饭、洗衣等家务，只为省点钱，少一份支出。

那是段艰难的日子，却是钱钟书的创作高峰期。他写出一段，就给杨绛讲一段，他笑，杨绛也笑，这便是钱钟书唯一的长篇小说《围城》的诞生过程。几乎人人都能说出《围城》里的经典语录，却很少有人知道它的诞生与杨绛对钱钟书的理解和支持是分不开的。

钱钟书先生曾这样称赞太太杨绛："最贤的妻，最才的女。"钱钟书的婶婶则评价杨绛："上得厅堂，下得厨房；入水能游，出水能跳。"

书是女人最好的装饰品。无论有多少理由和借口，作为一个期待精彩人生的现代女性，一定要读书，而且读得越多越好。书会帮助你从骨子里提升品位，教你做一个智慧女人。

培根说："读史使人明智，读诗使人灵秀，数学使人周密，自然哲学使人精邃，伦理学使人庄重，逻辑修辞学使人善辩。"文字可以完善性情、陶冶情操。喜欢读书的女人大都具备良好的修养与素质。女人最吸引人的地方，大概要属她丰富的内心世界和由内而外的优雅气质了。"书中自有黄金屋，书中自有颜如玉。"岁月的流逝会带走姣好的容颜，却无法带走美丽优雅的心灵。书籍，是女人永不过时的"生命保鲜剂"。

她是一个很特别的女孩。无论发生什么事，哪怕对方出言不逊、咄咄逼人，她也从不轻易动怒，总是莞尔一笑，给人以岁月安好的宁静感觉。她心如止水，从不说刻薄话，也不议论是非，更不怨恨任何人。对待感情，她像一朵洁白的雪莲，不给爱情和爱人附加任何条件，简单纯粹。

她的房间里，有一面书墙，摆满了各式各样的书籍。她最喜欢三毛文集，向往三毛与荷西的爱情。于她而言，读三毛的文字，如同一段别样的旅行，字里行间透露着真善美和对生活的热爱。

敬畏、关爱生命的作家毕淑敏，则令她懂得了活着的可贵和珍惜的含义。在看了《预约死亡》后，她真的去了附近的临终关怀医院。从那里回来后，她双目含泪，内心充满了对生命的敬重。

书架上的书籍，是她的天堂，也是她的世界。渡边淳一的

《失乐园》、塞林格的《麦田里的守望者》、米兰·昆德拉的《生命不能承受之轻》、西蒙·德·波伏娃的《第二性》、鲍·瓦西里耶夫的《这里的黎明静悄悄》等，都是她的良师益友。

每读一本书，她都会写下感悟，发到网上或自己收藏。这是心灵的收获，是生命的无价之宝。有书陪伴的日子，她觉得生命得到了滋润，心灵开出了动人的花朵。书，是她精神的导师，给她的心灵插上了翅膀，也给予她水般温婉的性情，透明而真实，温柔却不软弱。

书香中的女子是温和的、善良的、宁静的。书给了女人丰富的底蕴、温文尔雅与善解人意，令女人成为一道亮丽的风景。

岁月沧桑，青春不再。但时间再无情，也削不去书香女子的风姿，也无法冲淡书香女子的雅致和轻盈。

聪明女人懂得通过书本增加自己的知识与见识。读书的女人魅力非凡，而魅力是女人的"护身符"，比外表的美丽更有价值。外表的美丽会因时光流逝而消失殆尽，而魅力却会因岁月的深藏而散发醉人的醇香。

当窗外阳光投射出的阴影从西边转到东边，读者会在书中看到一个时代的兴亡、一种艺术的发展延续、一个人一生的得意与失落。"腹有诗书气自华"的女人，魅力必是与日俱增。

✽✽✽✽

挖掘自己的优势，找到你的“闪光点”

社会如战场，人要想脱颖而出，就要找到自己的天赋，展现自己擅长的本领，并将之作为利器，拼杀出一片属于自己的天空。

不用怀疑，你一定是某个领域的“佼佼者”，只是你或许还没有发现自己在该领域的天赋罢了。由于天赋是一种针对特定事物或领域的天生的敏感性，需要对个人性格、兴趣爱好、思维能力等进行全面清楚的考虑，因此，我们往往需要长时间的摸索和尝试。

谈到自己的成功时，杨澜说：“那是因为我找到了自己的优势，然后扬长避短，所以成就了自己。”

起初，杨澜也不知道自己能做好什么事情。在后来的实践中，她才渐渐认清自我。有人问杨澜为什么当时选择离开《正大综艺》，她说：“我既不会唱歌，也不会跳舞，更不会演小品。只有一次和赵忠祥老师合作表演魔术，叫‘大变活人’。我还没走出去，就让别人认出来了。魔术的效果一点也没有。所以我想，我真是没什么艺术天分，还是老老实实做自己能做好的事吧！什么事情我能做好呢？也许从小受家庭影响，我比较喜欢读书，具备一定的学习能力，于是开始做访谈节目。"

作为记者和访谈节目主持人，杨澜有善于交流的优势。1996
年，她采访一位体重300斤以上的女士。一般的椅子那位女士都
坐不下，宽度不够，杨澜就找来特制的椅子，并亲自搬来，请对
方坐下，然后开始交谈。

那位女士最后说："我一直不知道中国记者的采访会是什么
样，但我很愿意接受你的采访。别的记者采访，都带着事先准备
的题目，在我这儿挖几句话填进他们的文章里，而你是真正对我
有兴趣。"

这句话给了杨澜很深的印象。在镜头前与人交流时，她都会
用自己的言行举止构建专属的"气场"，从而发现了自己适合做
访谈节目的特长。

再优秀的人也有缺点，再平凡的人也有优势和闪光点。你总
有自己的长处，也总有一样最拿手。你之所以还没有成功，是因
为你还没找到自己的闪光点，还没发现如何利用它。

玛丽亚·凯莉是美国著名的流行音乐歌手，她因辉煌的音乐
史纪录被称为"乐坛天后"。玛丽亚是众所皆知的女高音，她以
宽广的音域和优异的演唱技巧闻名于世，无数歌手以成功翻唱她
的歌曲来检验并证明自己的唱功，她也是各国唱歌选秀比赛选手
经常模仿的偶像之一。

美国音乐电视频道和《音乐》杂志评选世界上拥有最伟大嗓
音的歌手，玛丽亚·凯莉凭借五个八度的宽广音域和招牌式的
"海豚音"唱法荣列该榜榜首。在谈及凯莉的嗓音时，著名音乐

评论家朱迪·柔森认为凯莉以高亢的音域、碎水晶般明晰性感的嗓音质地和洛可可式千回百转的装饰音唱法，成为乐坛里自成一派且最有影响力的演唱家之一。

玛丽亚·凯莉不仅是一名成功的歌手，还是一位才华横溢的词曲作家和唱片制作人。知名音乐制作人兼美国偶像评委阮迪·杰可森评论她："虽然凯莉与席琳·狄翁、惠特妮·休斯敦均属天后级的伟大歌手，但凯莉与她们的不同之处在于她的创作才华，她的每首歌都是自己创作或参与创作的。"

著名制作人兼词曲家沃特尔曾说："凯莉了解自己写的每首歌，她是一本会动的歌曲百科全书。从史提夫·汪达的每首歌到警察乐队制作过的每张唱片，她一直带着她装满歌曲的CD，没有什么是她不能唱的。"

格莱美获奖词曲家大卫·福斯特则表示："和凯莉的合作对于我来说是一次非凡的机会，她的音乐修养让我震惊。她像唱片制作人一样思考，把自己的声音像吉他手那样布置。她是具有三面性的歌手、词曲作者和唱片制作人，和她合作从始至终都是一次完美的体验。"

如今的玛丽亚·凯莉，是新生代女歌手心目中的共同偶像，也是许多歌手梦寐以求的合作对象。

每个人都有自己独特的优势，但并不是人人都能将自己的优势充分地发挥出来。现代社会，人才间的竞争日趋激烈，要想脱颖而出并非易事，发挥优势就成为成就个人事业巅峰的关键。

在职场中，懂得展现优势的女人更加自信优雅。她们善于经营自身的特长，从而变得出类拔萃、与众不同。

因而，一定要学会全面地分析自己，找出自己的强项和优势，并凭借这些闪光点，成为更好的自己。

❀ ❀ ❀ ❀

有梦想，人生处处是舞台

梦想，是女人成长的持久动力。从现在起好好爱自己，重拾曾经的梦想。你会发现，有梦想，人生处处是舞台。

她出生在一个小县城，父母做大米生意。她的童年无忧无虑。20岁时，她像当地其他普通女孩子一样，听从父母的安排，结婚嫁人。结婚半年后，她发现丈夫是个无赖，于是果断选择离婚。

年轻时的她喜欢文学、爱好阅读，读书满足了她的精神需求，让她的生活不再乏味。五六十岁时，她爱上了舞蹈，这让她拥有了健康的身体，年龄对她来说只是个数字。

爱美的她，即使独自生活，也把日子过得有声有色。她身边时刻放着口红和镜子，即使某天不打算出门，她也会在早晨洗漱后化上淡淡的妆。

92岁时，她跳舞扭伤了腰。儿子建议心情郁闷的她学着写诗。而这正好是她年轻时的梦想之一。没想到，她的诗歌居然被发表在了报刊上，这令她平添了几分信心。

2009年秋天，已98岁高龄的她出版了处女作诗集《别灰心》。诗集的销量在当年就超过150万册。2010年，这本诗集进入日本年度畅销书籍前十名。她创造了日本诗歌类书籍出版的神话——在此之前，日本诗歌类书籍的印量一般只有几百本。

她的诗歌以情爱、梦想和希望为题材，像阳光一样温暖。她写诗时怀着快乐的心情，使她的诗歌字里行间充满了激情。

2011年年初，她又出版了第二本诗集《百岁》，销量依然惊人。当记者问她："您没有意识到自己100岁了吗？"她笑着说："写诗时没在意自己的年龄。看到写好的书，才想起自己已100岁了。"

耳闻目睹了人间许多悲喜，独自生活20多年，看着自己逐渐接近死亡，她却依旧充满希望。她的名字叫柴内丰，一个有写诗梦想的普通老婆婆。90岁前，她默默无闻；90岁后，她成就辉煌。

无人能改变和阻止你的梦想，除非你自己选择放弃。梦想，给人带来希望、光明和心灵的洗涤。每次扬起风帆去远航，难免有艰难险阻，但只要梦想在，未来就充满希望。

保罗·柯艾略在《牧羊少年的奇幻之旅》中这样写道："当我真心追寻我的梦想时，每天都是缤纷的。因为我知道每个小时，都是在实现梦想的一部分。一路上我会发现从未想象过的东西。如果当初我没有勇气尝试看来几乎不可能的事，如今我也许还只是个牧羊人而已。”

安吉丽小时候像大多数女孩一样，有丰富多彩的梦想。但嫁为人妻后，她就开始过着按部就班的生活：上班、下班、带孩子、做家务……曾经的梦想就像儿时喜欢的布娃娃一样被收进箱子里，扔到储藏室的一角——她几乎忘记了它们的存在。

转眼，安吉丽38岁了。一天，七岁的女儿因为老师布置了一篇名为《我的梦想》的作文，回家问安吉丽：“妈妈，你有什么梦想？”乍听之下，安吉丽以为女儿在和她玩有关想象力的游戏，不假思索道：“我的梦想是有一个乖女儿和一个幸福的家庭。”

女儿听后很是不满：“梦想都是还没有实现的，这个不算，妈妈你还有没实现的梦想吗？”

安吉丽见敷衍不过，就开始认真地思考起来：“妈妈儿时的梦想很多，可现在年纪大了，还能有什么梦想呢？”

没想到女儿却笃定地说：“妈妈，你错了，老师跟我们说，梦想在什么时候都不会晚。”

看着女儿清澈的眼睛，安吉丽的心弦被触动了，“宝贝，你看妈妈将来还能做什么？”

“什么都能做，只要妈妈想做。”女儿大声说。

安吉丽郑重地开口：“如果真要说梦想，我小时候最大的梦想是当舞蹈家。但后来放弃了，现在我的梦想还是做舞蹈家。”

女儿听后兴奋地拍着手说：“好啊，我祝愿妈妈的梦想早日实现！妈妈，我的梦想是做像爱因斯坦那样的科学家，我们都努力朝梦想奋斗吧！”

安吉丽抱紧了女儿，心里有说不出的激动。此后，她不再在

"肥皂剧"上浪费多余的时间，而是报了舞蹈班，每天去学习，回家后还反复练习，甚至做饭时都在琢磨某个动作。她不再赶点起床上班，而是提前起床跑步，锻炼身体，有意识地节食以减掉赘肉、保持体形。

安吉丽觉得自己的生活从未如此充实，她感受着自己的变化，一丁点儿进步都让她兴奋不已。

梦想的种子不怕天旱少肥，而最怕在别人的指点和非议中左右摇摆，然后在时光滴答的单调敲打声中，渐渐丢掉曾经的激情，任梦想自生自灭。

再不起眼的梦想都值得去实现，经过精心打造和努力坚持，它们终将变成一件件折射着耀眼光芒的艺术品。

❀ ❀ ❀ ❀

不做"提线木偶"，有思想的女人更有魅力

看过木偶戏的人都知道，这种表演靠艺人用线牵引木偶来完成动作。木偶没有大脑和思想，是被人控制的。没有人希望自己是"提线木偶"，每个人都是独立的个体，有自己的思想和人格。

然而，有些女人却在有意无意中，沦为他人的"提线木偶"，失去自我，没有独立的思想，喜怒哀乐皆被他人操控。

很多女人在恋爱前，是拥有独立自我的女人——有思想、个性和自己的追求。可恋爱后，她们慢慢把自己放低，如此一来，便在爱情中失去了自我。

刚谈恋爱时，海洛伊丝被认为是比较强势的一方。男友在她面前比较笨拙害羞，而经常活跃在地方政坛上的她，则比较外向且很有魅力，她是一家大公司的部门经理，薪水很不错。

两年后，海洛伊丝和男友结婚了。不久，丈夫成为一名医生，海洛伊丝感觉一切都变了：丈夫变成重要的一方，自己则成了医生太太。丈夫在外有"面子"、有地位，回家也期待海洛伊丝用崇拜的眼光看他。他对海洛伊丝的要求越来越多，甚至要求海洛伊丝替他跑腿、回电话。海洛伊丝抱怨，他却解释说："即使在家，医生亲自接电话也很没面子的。"

海洛伊丝生气了，"那你还是请个秘书吧！"没想到，丈夫真的请了一位年轻漂亮的女管家，既帮他接电话又负责做家务。很快，女管家就和丈夫站在了同一阵线。没多久，海洛伊丝发觉自己在家里的地位被女管家取代并且每况愈下。

为挽回丈夫的心，海洛伊丝不得不向丈夫妥协，表示愿意为他接电话、跑腿，丈夫这才辞退了女管家。此后，海洛伊丝开始相信丈夫的能力比自己强，开始像别人一样仰视他。这样做虽让海洛伊丝赢回一些地位，但她却越来越感觉失去了自己。直到有一天，丈夫提出离婚（他爱上了一个更年轻的女人），海洛伊丝的自尊心低落到了极点，也沮丧到了极点……

海洛伊丝在婚姻中失去了自我和独立的思想，像一个被丈夫完全掌控的"提线木偶"。即便一再妥协改变，努力迁就丈夫，但最终她还是被无情地抛弃了。

"人，靠思想站立。"一个女人若无独立的思想和人格，任凭别人摆布，她又如何掌控自己的生活呢？这样的女人，只是一个唯唯诺诺的附庸，谈何气场？谈何魅力？

18世纪法国思想家卢梭曾说："无论男性还是女性，我认为实际上只能划分为两类人：有思想的人和没思想的人。"那么，怎样才算"有思想"呢？简而言之，"有思想"指的是一个人有自己的想法，对人生、社会与世界有独特的见解，面对不同的看法时不人云亦云。因此，有思想的人，往往内心强大。他们有了深思熟虑的想法后就决不轻易改变，哪怕再多的人出言反对，也会坚持自我。

对女人来说，有独立的思想，无论是驾驭爱情、把握生活的幸福，还是人际交往、打造事业，都至关重要。有思想的女人，总流露出与众不同的美，她们的想法也许另类，却有一套自圆其说的说辞。也许你不一定认同，但你一定打心眼里佩服、欣赏她们。

在一次香港小姐选拔赛的决赛中，组织者为测试参赛者的思维敏捷程度，提出了一个这样的问题："假如有两个男人，你必须选择其中一位作为自己的终身伴侣，一个是肖邦，一个是希特勒，你会选择谁？"

对于这个问题，百分之八九十的参赛者都选择了肖邦——他是音乐大师、艺术天才。而希特勒是法西斯主义者，是人类和平的"祸害"。

但是，有一位参赛者却选择了希特勒作为伴侣，并给出如下解释："我之所以选择希特勒，是因为如果我嫁给希特勒，我相信我能感化他。如此，第二次世界大战就不会发生，就不会有那么多人因此家破人亡、流离失所。"她的回答让人眼前一亮，顿时全场掌声如雷。

有思想的女人，有独特的智慧和灵性。她们知道自己来自哪里、现在何处、将去何方。她们明白，浩瀚宇宙中，个体生命很弱小，只有思想，才会让自己变得强大并充满自信地面对生活。

有思想的女人，必然喜欢与有思想的人交往。正如哈佛大学的校训提倡的那般："与柏拉图为伍，与亚里士多德为伍，更要与真理为伍。"有思想的女人认为，真正的朋友是心灵的伴侣，她们重视与有思想的人交心。

有思想的女人底蕴十足，自信迷人，具有独立完整的人格。她们阅历丰富、精致成熟，闪耀着智慧的光芒。即便她们青春不再、美貌流逝，但依然气质超群，这就是有思想的女人的魅力所在。

※ ※ ※ ※

终身学习，提升自我

美国总统杜鲁门说过："不是所有的读书人都是领袖，然而每位领袖必须都是读书人。"杜鲁门没读过大学，但从来没停止过学习。很多人认为，我们所需的知识在学校就已学过了，学习是学生的事。所以，很多人上班后就不再读书，不再学习工作之外的东西，而把大把的时间浪费在闲聊与上网、看电视上。

其实，一个人想在事业上有所成就，就应学习工作以外的新东西，提高自己的综合素质，并不断提高自己适应社会的能力。

学习是一辈子的事，不论在人生的哪个阶段，学习的脚步都不能停歇，要把工作视为学习的殿堂。人只有不断地学习，才能不断地丰富自己，提高自己的整体素质。要想在当今竞争激烈的社会中胜出，必须学会从工作中吸取经验、探寻智慧的启发、接收有助于提升效率的资讯。

1994年，杨澜从一名普通学生成为《正大综艺》的节日主持人，并展现出高雅本色的主持风格。在完成《正大综艺》200期制作后，她跨越太平洋去了美国，攻读哥伦比亚大学国际传媒硕士学位。很多人不理解，但越有功底的人，就越能体会到功底和学识的重要，越能产生在功底和学识上进一步提升自己的渴望。

学成归来的杨澜再次出现在媒体上时，以近乎完美的形象和综合素质，成功地在自己的人生道路上实现了全新的飞跃。

当今社会，科技发展迅猛，市场形势千变万化，对人才的需求也随之改变。在知识大爆炸的年代里，人才竞争不再是学历竞争，而是学习力的竞争——谁放弃学习，谁必将被社会淘汰！人只有不断地为自己"充电"，才能在竞争中立于不败之地。

凡在事业上卓有成就的人，无不终身孜孜不倦地学习着。在漫长的人生经历中，他们不管境遇怎样改变，也不放弃对知识的追求。学习既是人获取知识的途径，又是人在逆境中的精神支柱。俗话说"学无止境"——学习使人的思想、心理和精神永远年轻，也使人的事业日新月异。

托马斯曾说："任何大学教育或教育培训制度教给人们的只是如何帮助自己，而人们则必须学会如何教育自己。"在时刻变化的时代里，女人要感受到自身的价值，不是马不停蹄地加快生活的脚步，而是要不断地拓宽眼界，从周围汲取知识的养料，滋养躁动的心，让它更强大、更容易发现和感受快乐。

杨娜离过一次婚，再婚嫁给了一位香港商人。阔太太生活让她衣食无忧：每天跟朋友打牌、逛街，日子过得很是惬意。可就像许多电视剧、小说里描述的那样，丈夫在外找了情人，并在对方的怂恿下，执意与她离婚。杨娜愤怒、伤心、痛哭，根本无法接受这样的现实。

一直以来，杨娜都想去美国。为顺利离婚，丈夫提出，可以把杨娜送到美国，再给她一笔钱。几经权衡后，她同意了。

刚到美国的几个月，杨娜痛苦极了，每天都郁郁寡欢。没有亲人朋友的她无处倾诉，唯一的发泄方式就是哭。哭久了，视力也受到了影响。痛定思痛后，她慢慢恢复了理智，接受了现实，并强迫自己改变。她白天到一家中国餐馆打工，晚上则拼命学英语。

去美国前，杨娜根本没看过英文书，只知道最简单的几句问候语和单词。对于一个三十几岁、毫无英文基础的女人来说，学英语实在太难了。可她没有退路，只有克服了语言障碍，她才可能在美国生存下去。所幸，杨娜挺了过来，现在的她在美国生活得很好。

提及那段日子，杨娜依然感慨万千："过去在广州和香港时，我觉得自己很幸福。可现在回头看，当时的我就像一只每天被关在笼子里的没有自由的画眉鸟，每日别人给点食物，根本算不上幸福。后来，忙着学英语、开车，虽然很累，可心里不空虚，每天都有成就感。慢慢地，我找到了自己的存在感，也实现了自己的价值。女人，真得不断地学习和完善自己，因为不知道什么时候，你必须得靠自己活下去。"

人生真正的衰退并不是白发与皱纹，而是心灵的老化，是丧失了学习与进取的激情。对女人而言，在生命的每段岁月里，学习都是充盈内心的最佳途径之一。它能让你体会到思想逐渐变得深邃的喜悦，让你看到生命的成长和潜能。学习是一辈子的事，它是心灵所需的自发运动，并贯穿生命的全程。

第六章

为人处世，
宜方又宜圆

✵ ✵ ✵ ✵

　　女人在为人处世上，宜方又宜圆。给别人留余地，实质上也是给自己留余地；断尽别人的路径，自己的路径亦危；敲碎别人的"饭碗"，自己的"饭碗"也易碎。不让别人为难，不与自己为难，让别人活得轻松的同时，也令自己活得自在。

甘为绿叶，不必处处争当主角

不知你是否发现，腼腆的男孩，往往更容易获得女生的好感；谦逊的员工，往往更容易得到上司的欣赏和信任；善于聆听的妻子，往往更容易得到丈夫的宠爱和关心。

为什么会这样呢？究其一点，这些人甘愿做配角，而把做主角的机会让给了别人。一个人如果处处争当主角，无形中让别人成为配角，那么他就很容易失去亲和力，变得不受欢迎。

某传媒公司新来一位女员工，口才特别好，说话就像竹筒倒豆子一样，干脆利落；又像黄河之水，滔滔不绝。她思维缜密、旁征博引、抑扬顿挫，常把人驳得哑口无言，颜面尽失。

后来，同事们都不愿和她说话了。聊天时，同事们若见她过来，就纷纷散去。大家也不和她争辩，她说什么权当没听见，懒得搭理。就这样，这个女员工被大家孤立了。

或许你真的很优秀，但你不一定非要做主角。与人交往时，你要做的是让别人喜欢你，而过于张扬、争当主角往往会招人厌烦。

所以，很多时候，自己甘为绿叶，甘愿做别人的配角，让别人获得一种优越感，对方会更愿意和你打交道，也更容易对你产生好感。不要认为配角只能替别人做"嫁衣"，对自己没有一点帮助。其实不然。只要你有能力，做配角一样可以成就一番事业。

赵本山是人们非常喜爱的"小品王"。谁与他做搭档，无疑只能做配角，因为他的光芒太强烈，易把别人的光环盖住，但范伟不在意这些，和赵本山合作了很多小品。在舞台上，范伟只想演好自己的角色。事实上他也做到了，他把自己的角色演得非常出彩并得到了观众的认可。后来范伟获得了扮演电影《看车人的七月》中的主角的机会，由此还荣膺第28届加拿大蒙特利尔国际电影节最佳男演员奖。

从努力做一名配角，到男主角，再到成为影帝，范伟用自己的成功经历告诉我们：只要你有才华，只要你努力，就算是做配角，你也一样会成功。当然，如果你暂时没有出众的才能，你就更应脚踏实地地做好配角，等具备了相关能力、条件后，你才有机会成为主角。

做配角其实并不丢脸，相反，这是赢得人心的好办法。做配角表现出来的是一种谦虚合作的态度，很容易展现亲和力，给别人留下好印象。而且，做配角时，你能从主角那里学到想要的东西，包括一些处世技巧和工作技能，从而不断提高自己。

值得注意的是，在人际交往中甘做别人的配角，不是让你一辈子当配角，有能力也不表现。而是说，羽翼未丰时，做配角更有利于你成长。配角做好了，一样能出彩。

※ ※ ※ ※

话莫说尽，事莫做绝

俗话说："话莫说尽，事莫做绝。"任何人都想在日常生活中表现出自己非凡的特点和才能，但切不可因想表现的欲望而把话说尽、把事做绝。为人处世，能彼此留些余地最好，千万不要把人赶进"死胡同"。

一位外宾在某家星级酒店用餐后，顺手将一只精美的景泰蓝小碟悄悄地装进了西装口袋。这一幕正好被一位服务小姐看到了。

这位服务小姐不动声色地走上前去，双手捧着一只装有一对景泰蓝小碟的盒子，对这位外宾说："我发现您对我国的景泰蓝餐具爱不释手，非常感谢您对这种精细工艺品的赏识。为表达我们的感激之情，经餐厅经理批准，我谨代表酒店，将这对图案更为精美且经过严格消毒的景泰蓝小碟送给您，并按照酒店的'优惠价格'记在您的账上，您看好吗？"

这位外宾自然听出了服务小姐的弦外之音，连声表示感谢，并歉意地表示自己刚才多喝了两杯，脑袋有点发晕，误将小碟装进了口袋。他又顺着服务小姐的话接着说："既然这种小碟子没有消毒就不好使用，那我就'以旧换新'吧！"说着，从西装口袋里取出那只小碟，恭恭敬敬地放回了桌上。

这位服务小姐的做法既保全了外宾的"面子"，又避免了酒店的损失，一举两得，显示出过人的素质。

每个人都有自尊，给对方留情面，相当于维护了对方的自尊心。法国一位著名作家曾说："我没有权利去做任何事或说任何话以贬抑一个人的自尊。重要的不是我觉得他怎么样，而是他觉得他自己如何，伤害他人的自尊是一种罪行。"

所以，为人处世，如果发现对方犯了错误，切忌当面指责或与之争辩。最好能通过巧妙的暗示让对方知道自己的错误。这样既不会引起对方的反感，也有益于其主动改正错误，对事情的最终解决"有百利而无一害"。

英国经济大萧条时期，18岁的凯丽好不容易才找到一份高级珠宝店的售货员工作。圣诞节前夕，店里来了一位30多岁的顾客，他衣衫破旧，满脸忧愁，满眼艳羡地盯着店里的高级首饰。

凯丽去接电话时，不小心碰倒了一只碟子，六枚价值不菲的钻戒落到了地上。她急忙弯腰捡起其中五枚，但第六枚却不见踪影。凯丽抬起头，看到那个30多岁的男子正向门口走去，顿时意识到戒指很可能被对方拿去了。在男子的手贴近门柄时，凯丽柔声叫道："对不起，先生！"

男子听了凯丽的叫声后，转过身来。两人相视无言，沉默有几十秒之久。"什么事？"男子脸上的肌肉在颤抖，"什么事？"

凯丽神色忧伤："先生，这是我的第一份工作，现在找工作很难，想必您也深有体会，是不是？"

男子深思片刻，一丝微笑浮现在他脸上，"是的，的确如此。不过我敢肯定，你在这里会做得不错。我可以为你祝福吗？"说完，他向前一步，把手伸向凯丽。

"谢谢您的祝福！也祝您好运！"凯丽也立即伸出手，两只手紧紧握在一起。

男子转身，朝门口走去。凯丽看着男子的身影消失在门外，转身返回柜台，把手中握着的第六枚戒指放回原处。

不给别人"台阶"下，既害人又害己。人生路上，难免有陷入尴尬的时候，面对别人尴尬的处境，是幸灾乐祸、落井下石，还是给对方提供一个恰当的"台阶"？这是"恶"与"善"、"愚"与"智"的分水岭，切不可为了自尊与虚荣驳了别人的"面子"，而要学会给足别人"面子"。

一次，英国王室准备举办一个大型宴会招待来自印度各地区的首领，一向以稳重聪明著称的温莎公爵奉命接受了主持宴会的任务。他深知女王陛下对这次宴会的重视，也明白宴会独特的政治意义，所以非常注重把握每个细节，尽量让宴会完美无缺。

在温莎公爵的精心安排下，一切进行得非常顺利，宾主尽欢。宴会即将结束时，细心的温莎公爵特意命人打来洗手水。不过面对由银器精心打造的洗脸盆，印度首领们却误解了公爵的意思，以为这是公爵给予的清茶，毫不犹豫地端起脸盆，尽情畅饮。

宴会上的英国皇家贵族对这一幕目瞪口呆，万万没想到对方会产生这样的误解，面对此状况众人束手无策。在这样的场合下，如果直接提醒对方"这是洗手水"，无疑会极大地伤害对方的自尊心，甚至引起政治争端；但如果任由对方喝掉，又感觉是对对方的一种欺骗和侮辱，终究显得不大得体。

这时，只见温莎公爵微笑着端起精致小巧的脸盆一饮而尽，贵族们也纷纷效仿，一场尴尬瞬间消弥于无形。温莎公爵过人的智慧和高超的交际手段也博得众人的一致赞赏。

如果可以适时地为陷入尴尬境地、丢了"面子"的人提供一个恰当的"台阶"，让他挽回"面子"，你会立刻获得对方的好感，并为自己树立良好的形象。

比利·山戴曾在演讲时提到："人们总喜欢揭他人的短处，而事实上，这是一种极为堕落的做法。一个连自己都无法控制与左右的人，有什么权利去左右他人？"人际交往就是如此，只有给别人留足"面子"，多给别人"台阶"下，别人才会为你"搭台"。

不要与人进行无谓的争论

人与人交往，每个人都有说话和发表意见的权利。当别人与自己的观点不同时，有些人总试图让别人认同自己的观点，进而不可避免地发生争论。其实，有些争论完全可以避免，与别人发生无谓的争论，不仅伤害彼此间的感情，也会破坏自己的形象。

与他人交往时，有些人事事处处与人理论，且非要赢对方不可，这样的"抬杠"往往给对方留下不良的印象。

爱争论的人一般表现为：不给别人发言的机会，经常对别人的话发表不同意见。这是一种自恋和逆反的心理。自恋的人特别在乎自己的感觉，好为人师，不会换位思考，更不会为他人着想。

人与人之间总是存在着各种差异，出现矛盾在所难免。精明的人懂得求同存异，在小矛盾中忍让一步，不与人发生口角，这样会更容易获得朋友，生活也会快乐许多。

西方一位哲人说过："一个人所有器官中最难管教的，就是自己那张不停地说话的嘴。"逞一时口舌之快，也许会为你带来短暂的快意，却会给你的生活留下长久的隐患。

在一场欢迎罗斯爵士的宴会上，大家谈笑风生，气氛非常融洽。其间，一位坐在卡耐基旁边的先生讲了一个有趣的故事。故事中，他提到了这样一句话——无论我们如何粗俗，有一个神，就是我们的目的。然后他非常自信地说："这句话出自《圣经》。"

卡耐基立刻意识到对方说错了，他十分肯定这句话根本与《圣经》无关，而是出自莎士比亚的一篇文章。于是，他指出了对方的错误。但这位先生不仅没意识到自己的错误，还始终坚持自己的说法，并坚定地对卡耐基说："不可能！这句话分明出自《圣经》！年轻人，你记错了！"

听到对方的回答，卡耐基喜欢辩论的执拗劲上来了，当场与之激烈地争论起来。但令他懊恼的是，虽明知自己是正确的，却拿不出任何证据。看着对方死不认错的样子，卡耐基气坏了。

这时，曾潜心研究过莎士比亚的贝琳达夫人刚好走过来。于是，卡耐基请她来做评判。贝琳达夫人坐到卡耐基旁边，听完事情经过后在桌底下用脚轻轻地碰了碰他，然后道："戴尔，你记错了，这句话不是出自莎士比亚的文章，而是出自《圣经》。"接着，大家满意地举起酒杯庆祝这场辩论赛的结束。

晚宴结束后，卡耐基略带气愤地对贝琳达夫人说："你是知道的，这句话分明出自莎士比亚的文章，你为什么要说我错了？"

贝琳达夫人微笑着说："戴尔，不错，这句话的确出自《哈姆雷特》第五幕第二场。但我们只是客人，为什么要指出对方的错误？与其如此，不如选择保住对方的'面子'。记住，与人交往要避免正面冲突。"

很多时候，女人们由于意见的不同，不可避免地会发生争论。作为女人，要永远记住，争执无法替你赢得自尊，反而会使你自毁形象。所以，无论遇到多么不公正的待遇，你也要冷静处之。正在气头上的人，是听不进任何意见的，因而，不要急于反驳。众人争辩不休的，只不过是他们自以为是的"道理"，真理不见得就握在他们的手中。最聪明的做法，是沉默不语。缄默并不等于妥协，你可以避开凌厉的话锋，看准时机，再阐述自己的意见。

动不动就与人争得面红耳赤、打起"嘴皮子官司"，这是一个人最无知的表现。无谓的争论，无论输赢都毫无价值。当你遇到大家为一个无关紧要的问题争论不休时，请记住一定不要参与。如果执意掺和，那么所有的话锋就会立刻指向你，你会沦为"众矢之的"。与其"腹背受敌"、狼狈不堪，不如刚开始时就以"中立者"的姿态出现。聪明的女人，一定要懂得"中庸"的谈话法则。

女人要记住，事情并不一定完全对立。争论的双方，不是敌我的关系，所争论的问题，也不是非此即彼。

不愠不躁，喜怒不形于色，保持心境平和，不要争强好胜，躲开争论，就是躲开是非。过于坚持己见，只会使你变得格格不入，这样的结果绝对不是你想看到的。

只要无关原则问题，就没必要让自己陷入争论的僵局。浑身是"刺"的女人最令人头痛，即使美得像玫瑰，还是让人感觉难以接近。只有拥有平和心态的女人，才更具亲和力。不争执、不辩论，凡事一笑了之，这些聪明的举动，会让你变得越来越受欢迎！

成全别人的同时，也是在成全自己

有位哲人说过："给别人一些空间，就是给自己一个世界；给别人一些帮助，就是给自己生机和希望。但如果你之前不帮助别人，别人也不会主动帮助你。"

赠人玫瑰，手有余香。女人不能太世故、太自私，心中只有自己。很多时候，留一颗柔软的心，尽自己一份微薄之力，不会让你失去什么；相反，你还有可能从中得到意想不到的东西。

一天傍晚，他驾车回家。在这个中西部的小社区里，要找一份工作很难，但他一直没有放弃。

冬天迫近，一路上冷冷清清。朋友们大多已远走他乡，他们要养家糊口、实现自己的梦想。然而，他留了下来。这毕竟是父母埋葬的地方，出生成长皆在此的他，熟悉这里的一草一木。

天开始黑下来，还飘起了小雪，他得抓紧赶路。

他差点错过那个停在路边的老太太。看得出老太太需要帮助。于是，他将车开到老太太的奔驰车前停了下来。

虽然他面带微笑，但老太太还是有些担心。一个多小时了，也没有人停下来帮她。他会伤害她吗？他看上去穷困潦倒、饥肠辘辘，不那么让人放心。他看出老太太有些害怕，站在寒风中一动不动。"我是来帮助你的，夫人。你为什么不到车里暖和暖和呢？顺便告诉你，我叫乔。"他说。

老太太遇到的麻烦不过是车胎瘪了，乔爬到车下面，找了个地方安上千斤顶，又爬下去好几次。结果，他弄得浑身脏兮兮的，还伤了手。当他拧紧最后一个螺母时，老太太摇下车窗，开始和他聊天。她说，她从圣路易斯来，只是路过这儿，对他的帮助感激不尽。乔只是笑了笑，并帮她关上后备厢。

老太太问该付他多少钱，说出多少钱她都愿意。乔却没有想到钱，这对他来说只是帮助需要帮助的人。他表示，如果她真想答谢他，就请她下次遇到需要帮助的人时，也给予帮助。

他看着老太太发动汽车上路了。天气寒冷且令人抑郁，但回家路上的他很高兴，开着车消失在暮色中。

沿着这条路行驶了几公里，老太太看到一家小咖啡馆。她想进去吃点东西，驱驱寒气，再继续赶路。

面带微笑的侍者走过来，递给老太太一条干净的毛巾擦干她湿漉漉的头发。老太太注意到女侍者已有近8个月的身孕，但她的服务态度并未因过度劳累和不适而怠慢。

老太太吃完饭，拿出100美元付账。女侍者拿着100美元去找零钱，老太太却悄悄出了门。女侍者拿着零钱回来，正奇怪老太太去哪儿了，忽然注意到餐巾上有字。字是老太太写的，女侍者眼含热泪，读道："你不欠我什么，我曾跟你一样。有人曾帮助我，就像我现在帮助你一样。如果你真想回报我，就请不要让爱之链在你这儿中断。"

晚上，下班回到家，躺在床上，她心里还在想着那钱和老太太写的话——老太太怎知她和丈夫如此需要这笔钱呢？孩子下个月就要出生了，他们的生活很艰难，她知道丈夫多么焦急。当丈夫躺到她旁边时，她给了他一个温柔的吻，轻声说："一切都会好的。我爱你，乔。"

帮助别人就是帮助自己，每个人都不应吝惜对别人的帮助。尽己所能地帮助需要帮助的人，是一件很简单的事。不要吝于伸出你的双手，也许你一个简单的爱的动作就能让处于困境中的人看到生命的阳光，感受到人世间的温情。

临近下班的时候，派出所来了一对年轻的小夫妻，他们抱着刚刚出生不久的婴儿，来办理户口登记。民警接过他们递来的资料，发现孩子的名字叫"行善"。民警觉得挺有意思，笑笑说："这个名字很特别啊！"

话音刚落，孩子的父亲便接过话茬说："是，这个名字有着不寻常的意义。我、我的妻子和这个孩子，都是'6·22'海难事故的幸存者。"他的解释震惊了满屋子的民警，他们充满期待地等着他讲述这段特殊的经历。

2000年6月22日，他和妻子坐在"榕建号"客轮上。那天，海上弥漫着浓雾，什么都看不清，没有人会想到，死神正向他们面带狰狞地伸出双手。

像电影里一样，船身毫无预兆地骤然倾覆。坐在船上的他，大脑一片空白。紧接着，他听到了慌乱的喊叫声、哭泣声和呼救声。和很多人一样，他不知道到底发生了什么，但求生的本能促使他划开水流，用尽全身力气，努力爬上救生艇，保住了性命。

自己活了下来，可他并未感到喜悦，因为有孕在身、不会游泳的妻子还在水里。就在他陷入悲伤情绪时，他突然发现水里漂来了什么，似乎是个女人。她不断扑腾着水花，努力求救。

他当时很累，甚至快要虚脱了，但一条鲜活的生命就在他眼前，"救人"的念头让他忘记了疲惫，再次回到水里。倾尽全力去救女人的他，已虚弱得睁不开眼，忘了自己是如何把她拉上救生艇的。

不知过了多久，昏厥的他醒了过来。看到了自己所救的女人，他顿时震惊了。而后，两人抱头痛哭。那个女人，正是他的妻子。

办事民警听到这里，正要插嘴："假如……"

男人便又开口道："你一定想问，假如我当时侥幸自保，而不去救人的话……"

警察默然，所有人都知道，结果会如何。但这个看似简单的答案，却关乎着两条至亲至爱的生命，所有的结局，只在一念之间。

孩子的母亲说："苍天有眼，助人者天助之。我们给女儿取名'行善'，是纪念她的出生，也希望她无论在怎样的情况下，都不能放弃哪怕一次微不足道的行善机会。"

诗人菲利浦·詹姆斯·贝利曾写道："人生不是岁月，而是行为。"

你待人的方式，决定了你失意时别人怎样待你；你失意时别人怎样待你，决定了你遭遇困难时，是一败涂地还是有惊无险地渡过难关。或许，不少人会把行善视为一种伟大的举动，其实不然。作为一个平凡的女人，我们依然能够把自己的善念融入生活的点点滴滴中，在给他人带来温暖的同时，也滋养自己的心灵。

成熟的女人，会宽容地接纳所有与自己不同的人，爱人、敬人，不抱有任何偏见和轻视，也会在别人遇到困难或遭遇不幸时，适时伸出援助之手。

　　其实，人与人之间的交往是一种平等互惠的关系，你帮我，我就会助你。正所谓"投之以桃，报之以李"，你要得到别人的帮助，自己就必须先去主动帮助别人。

❀ ❀ ❀ ❀

对他人示以微笑，哪怕是不喜欢的人

　　每个人都有自己的生活方式，即使你做人做事再好，也难免会有顾及不到的地方，也无可避免地会有人不喜欢你，他们或对你冷眼相待，或采取消极不合作的态度，甚至恶毒地诋毁和污蔑你。面对不切实际的流言和刻薄无聊的中伤，要学会用微笑的姿态面对，不必用激烈的言论与之对抗，也不必表现出惊恐或愤怒。

　　文学大师拜伦曾说："爱我的我抱以叹息，恨我的我置之一笑。"他的这"一笑"，真是洒脱极了。一个人若能真的笑对所有人，他的内心无疑是强大的、坚定的、成熟的。他可以坦然地悦纳一切，同时也能用自己的微笑和大度，感染与自己"气场相斥"的人。

从前的她，是何等"傲气"，对不喜欢的人，永远一副冰冷的姿态。在她的世界里，不喜欢就意味着彼此间没有精神的交集，意味着彼此是两个世界的人，意味着"我的一切与你无关"——不管对方是同事还是上司。

这份"傲气"，让她在现实中多次"碰壁"。她一次又一次地失业，或自己赌气离开，或无奈被动离开，虽然走时露出一副满不在乎的样子，虽然事后有人表示"欣赏她的个性"，可那又如何呢？再"傲气"的人，也要吃饭，也要生存。

毕业三年，当年和自己处在同一起跑线的人，多数都已在各自的领域站稳了脚，而她还在风雨中飘摇，与现实格格不入。她心里有一种莫名的挫败感：自己有才华、有个性，可就是处处不得志。她觉得这都是生活、环境和别人的错——反正不是自己的错。

偶然一次，远方的朋友来到她的城市，两人相约叙旧。当初，她们能成为知己，也是因年纪相近、职业相仿、思想相通——对喜欢的人，愿意肝脑涂地；对不喜欢的人，说一句话都是多余；活在自己的世界里，永远自视为清高的莲花，无形中拒绝了很多人和机会。

而今，她发现，朋友已和两年前不同了——对方似乎已融入了现实生活，也接纳了许多以前不喜欢的人和物，言语间透露出的是包容和一笑而过。

"你好像变了。不过，我倒不讨厌你的变化，反而觉得你活得更坦然了。"

"你忘了，我已经31岁了。从前愤世嫉俗、清高自傲的女孩，已消失在岁月里了。我想自己是真的想通了。"

"想通了什么？"

"世界不是我一个人的世界，生活不是我一个人的生活。身在这样的环境里，势必会遇见形形色色的人——喜欢的、不喜欢的，他们都以他们各自的方式存在着。我们不过借这世界一块地，成长、成熟，他们也如是。只是不可避免会有接触，那就各自尊重。最后发现，没什么大不了的。所谓'厌恶'，不过是内心不接受别人的生活方式。可他人并不为我们而活，我们为什么要他人改变？接受，永远比抵抗舒心得多。"

"这就是所谓的成熟吧！"

"你也该成熟了。"

两个人相视一笑。

和朋友相聚后，她想了很多。想到自己毫无起色的工作、一成不变的生活、孤立无援的状态……她反思是否真的是自己的错。曾有人说她像一只刺猬，不知什么时候就会被她扎到。她决定，要拔掉身上的"刺"，收起那些棱角。

最初的日子很艰难。她依然有很多看不惯的人和事，但每每想表现愤怒和不屑一顾时，她都有意地控制自己。朋友告诉过她："自己以什么样的态度对别人，别人也会以同样的姿态对待自己。"她试着请过去不喜欢的人吃饭，简简单单的一顿饭，让彼此间的隔阂少了许多，无意之中，少了一个"敌人"。时间久了，她也适应了。最终她也明白了：纵然不喜欢一个人，只要对方与自己的原则不相抵触，不深交就是了，而不必剑拔弩张。

这样的经历，几乎每个从幼稚走向成熟的女人都曾有过。年轻时，嚣张跋扈、个性鲜明，对自己不喜欢的人，总避而远之、置之不理，从不主动示好。最终，"人缘"、工作、生活一团糟，似乎总有许多人与自己"作对"。归根结底，问题还是出在自己身上。

"酒逢知己千杯少，话不投机半句多。"现实生活中，每个人都有这样的感受：和自己喜欢的人在一起，无论干什么，都非常高兴；但和自己不喜欢的人在一起，无论干什么，都会觉得不自在、不舒服。

然而，人是社会性动物，免不了和别人打交道，我们在一生中，不可能只和喜欢的人打交道，而对不喜欢的人不予理睬。有哲人说："以爱对恨，恨自然消失。""成人教育之父"戴尔·卡耐基也说过："如果你不喜欢他人，有个简单的方法可以帮你改变自己——寻找他人的优点，你一定会找到些的。"

对待他人，要多欣赏，学会发现他人的优点，你会渐渐发现自己与不喜欢的人也能融洽相处。人有了宽容的气度，才能安然走过险境，笑看花落花开。

那么，如何做到和不喜欢的人坦然交往呢？下面的几种方法或许可以给你一些启示。

1.把自己当成别人

保持平常心，别太在意得失荣辱，也不要因为一点不如意就"摆脸色"给周围的人看。你不喜欢一个人，可能是因为他曾如实指出了你的某些缺点。其实，不妨对指出自己缺点的人说声"谢谢"——是他让你知道该如何改善自己，这也是一种收获。

2.把别人当成自己

不要总以自己的尺度衡量别人，要多设身处地为别人着想，与特质不同、脾气相异的人相处，求同存异即可。如果只因对方的性格、行为与自己不同，就拒绝与之交往，那你会失去很多交友的机会。宽容一点，别太计较，多理解别人，这样的女人才可爱。

3.把别人当成别人

人与人之间，相互尊重很重要。你如何对别人，别人就如何对你。你尊重别人，对别人笑脸相迎、将心比心，别人也会这样对你。冷漠和敌意，只能把对方"推"到自己的对立面上。试着用温和友好的方式与人交往，坚冰也会融化。

4.把自己当成自己

在自知的基础上建立自尊与自信，成熟地与人相处。你认识的每个人，或多或少都会对你有所帮助，或是现在，或是将来。无论你对这个人是什么感觉，都要保持正确的心态，你不喜欢的那个人，也许是你的"贵人"；你擦身而过的"路人甲"，也许在某个时候会帮你一个大忙。

尊重生活中出现的每个人，对喜欢的、不喜欢的人都示以微笑，这是一种气度，也是一种睿智。

＊ ＊ ＊ ＊

不轻视他人，每个人都值得被尊重

孟德斯鸠说："人生而平等，没有高低贵贱之分。"在人之上，要视别人为人；在人之下，要视自己为人。这是做人的基本姿态，也是为人的原则之一。

拥挤的公交车上，一个漂亮女孩站在两位男士前面。她的身后，是一个满脸阳光的男孩和一位衣着破旧的民工。车辆拐弯时，漂亮女孩突然感觉有人把手伸进了她的皮包，就大喊一声，那只手随即缩了回去。

漂亮女孩转过身，冲民工骂道："干什么不好，偏偏要做贼。"骂完后，她朝阳光男孩身边挪了挪。民工没吭声，周围人议论纷纷、一脸鄙夷的同时，不忘用手抓紧了自己的包。

到了下一站，阳光男孩下车了。尔后车起步，漂亮女孩突然惊慌地喊道："我的钱包没了，我的钱包没了！"其他乘客慌了，连忙查看自己的背包，有几个人也发现自己丢了东西。漂亮女孩连同失主们，一口咬定是民工偷的，并让司机马上停车。

民工解释自己不是贼，可没人相信。大家围住他，非要搜身，漂亮女孩还带头动了手。

最后，漂亮女孩在民工身上搜到一个纸包。她咬牙切齿地骂道："说你是贼，还不承认……看你怎么解释！"她迫不及待地打开了纸包，想把赃物公之于众，不料纸包里却是一本警官证。还没等她反应过来，"民工"就把手铐戴在了她手上，让司机把车开到警局。

到警局后，大家发现，刚刚车上的那个阳光男孩，竟也在警局。警局的桌上，有几个钱包，都是从男孩身上搜出的。大家一眼认出是自己丢的东西。假扮民工的警察说："他们是搭档，最近一直在银行门口守株待兔，跟踪领了工资的民工，想利用大家以貌取人的心理，作案后嫁祸民工，说他们偷钱。其实，他们是想把民工的钱据为己有。而男孩趁大家慌乱时，下手偷别人的钱。"

听完这样的解释，大家都不说话了，也为自己之前的行为羞愧难当。警察对漂亮女孩说："男孩说这主意是你出的。你很聪明，可惜没用对地方。我只想告诉你，民工也是人，也有尊严，也受法律保护。永远不要看不起任何人，因为你不知道什么时候自己会'看走眼'。"

身处社会中，人与人之间的确存在身份、地位上的差别，可这不代表尊严与权利也存在差别。人永远要懂得尊重别人，无论对方的外表、物质条件、社会地位如何，这些都不是轻视他们的理由。

一天，一位40多岁的中年女人领着一个小男孩走进美国著名企业"巨象集团"总部大厦楼下的花园，在一张长椅上坐下来。女人不停地跟男孩说着什么，似乎很生气的样子。不远处有一位头发花白的老人正在修剪灌木。

忽然，中年女人从随身携带的提包里拉出一团白花花的纸巾，甩手将它抛到老人刚修剪过的灌木上面。老人诧异地转过头朝中年女人看了一眼，中年女人一脸的不在乎。老人什么话也没说，走过去捡起纸巾并扔进了一旁的垃圾桶里。

过了一会儿，中年女人又拉出一团纸巾扔了过去。老人再次走过去把纸巾捡起扔到垃圾桶里，然后回到原处继续工作。可老人刚拿起剪刀，第三团纸巾又落在了他眼前的灌木上……就这样，老人一连捡了中年女人扔来的六七团纸巾，但他始终没有因此露出不满和厌烦的神色。

"你看见了吧！"中年女人指了指修剪灌木的老人对男孩大声道，"我希望你明白，你如果现在不好好上学，将来就跟他一样没出息，只能做这些卑微低贱的工作！"

老人听到后放下剪刀走过去，和颜悦色地对中年女人说："夫人，这里是集团的私家花园，按规定只有集团员工才能进来。"

"那当然，我是'巨象集团'所属公司的部门经理，就在这座大厦里工作！"中年女人高傲地回答，同时掏出证件朝老人晃了晃。

"我能借你的手机用一下吗？"老人沉默了一会儿说。

中年女人极不情愿地把手机递给老人，同时又不失时机地开导儿子："你看这些穷人，这么大年纪连手机也买不起。今后你一定要努力啊！"

老人打完电话后把手机还给女人。很快一名男子匆匆走来，恭恭敬敬地站在老人面前。老人对来人说："我现在提议免去这位女士在'巨象集团'的职务！"

"是，我立刻按您的指示去办！"那人连声应道。

老人吩咐完后径直朝小男孩走去，他伸手抚摸了一下男孩的头，然后意味深长地说："孩子，我希望你明白，这世界上最重要的是要学会尊重每个人……"

说完，老人撇下三人缓缓而去。中年女人被眼前骤然发生的事情骇住了。她认识那名男子——"巨象集团"主管任免各级员工的高级职员。

"你……你怎么会对这个老园工那么尊敬呢？"她大惑不解。

"你说什么？老园工？他是集团总裁詹姆斯先生！"

中年女人一下子瘫坐在长椅上。

再伟大的人也没有资格轻视另一个人。轻视他人的人本身就是肤浅的，肤浅到以为自己就是真理，以为自己高人一等。殊不知，不是别人不够好，只是你没看到别人的闪光点罢了。

搬到新大院的她，不小心打碎了一件从景德镇带回的陶瓷，心里很不痛快。这时，有个戴旧草帽的人，手握一杆秤，拎两个纤维袋，走到了她的门口。她看对方是收废品的，没好气地嘟囔了两句："少来凑热闹！"然后狠狠地关上门。

第二天中午，她做饭时，门铃响了。开门一看，又是那个收废品的人。她还没开口，对方就冲她笑道："我又来了，有什么不要的东西，卖给我吧！"

她心里窝火，想破口大骂，可为保持形象风度，她忍住了，只是喊来丈夫："有什么不要的旧杂志报纸，卖了吧。"然后，又回到厨房。

几天后，她突然想起，自己搬家时，好像把一张旧版的纸币夹在一本旧书里了。那张纸币，是费了很多心血才收集来的。她翻遍家里的抽屉和书架都没找到。她想了想，唯一的可能是被当成破烂卖给那个收废品的人了，她想要回纸币，可想到自己之前对他的态度，她心里很慌。丈夫安慰她："试试吧，人家也是本分的人。"

以前她实在不想看见那个收废品的人，现在却巴不得他的身影快点出现。可一连几天，收废品的人都没有来。她想，他怎么可能来呢？如果他知道那里有张纸币，肯定担心我会问他。

一天中午，她在厨房做饭，门铃响了。收废品的人主动找到她。没等她开口，对方就递给她一本书，里面夹着她辛苦收集来的那张纸币。他说："我前几天回老家了，回来整理废品时发现了这个，就给你送过来了。"

她不知该说什么好，看着眼前这位老人，心里涌起了莫名的感动。她无法为老人做什么，唯一的报答方式，就是每天把单位的废旧报纸和家里的废品收好，等他来时交给他。

实际上，没有谁是绝对完美的，当我们发现别人身上的瑕疵时，也正是暴露自己缺点的时候。未置身于当事人的立场，感受不到对方的心情，主观地对别人评头论足，其实是一种苛刻和浅薄。所以，千万不要轻视他人，因为每个人都值得被尊重。

❋ ❋ ❋ ❋

好事莫占尽，凡事留余地

《周易》上说："物极必反，否极泰来。"也有古语说："行不可至极处，至极则无路可续行；言不可称绝对，称绝则无理可续言。"做任何事，进一步，也应让三分。古人云："处事须留余地，责善切戒尽言。"

人生一世，万不可使某一事物沿某一固定的方向发展到极端，而应在发展过程中充分认识其各种可能性，以便有足够的条件和回旋余地，进而随机应变。留有余地，就是不把事情做绝，不把事情做到极点，于情不偏激，于理不过头。这样，才会使自己得以保全。人生大舞台，风云变幻，何处无矛盾？何时无纷争？社会上的人，有坦荡君子，也有戚戚小人，如果没有宽容的心怀，就无法与他人和睦相处。与他人发生矛盾，若能理解包容，留几分余地，矛盾也许就能迎刃而解，你还会得到更多人的信任和尊敬。

李世民当了皇帝后，长孙氏被册封为皇后。当了皇后，地位变了，她深知作为"国母"，自己的行为举止对皇帝的影响巨大。因此，长孙皇后处处注意约束自己，做嫔妃们的典范，从不把事情做过头。她不尚奢侈，吃穿用度，除宫中按例发放的，不再有其他要求。儿子承乾被立为太子，有几次，太子的乳母向她反映："东宫供应的东西太少，不够用，希望能增加些。"但长孙皇后从不把资财任意挥霍，不搞特殊化，没有答应东宫的要求。她说："做太子最发愁的是德不立、名不扬，哪能光想着宫中缺什么东西呢？"长孙皇后不干预朝中政事，尤其担心亲戚以自己的名义结成团伙，威胁李家王朝的安全。李世民很敬重她，朝中赏罚大臣的事常和她商量，但她从不表态，从不把自己看得特别重要。皇上要委她哥哥以重任，长孙皇后坚决不同意。李世民不听，让长孙皇后的哥哥长孙无忌做了吏部尚书，皇后派人做哥哥的工作，让他辞官。李世民不得已，只得答应授长孙无忌为开府仪同三司，长孙皇后这才放了心，长孙无忌也成为一代忠良。

长孙皇后从不忘为自己留余地，不论什么时候都不占尽所有好处，因而得到了周围人的爱戴和尊敬，在复杂的皇室中站得最稳。

集处世经验之大成的《菜根谭》说："滋味浓时，减三分让人食；路径窄处，留一步与人行。"留人宽绰，于己宽绰；与人方便，于己方便——这是古人总结出来的处世秘诀。

让三分，留余地，包含两层意思，一是给自己留余地，使自己行不至于绝处，言不至于极端，有进有退，措置裕如，以便日后能机动灵活地处理事务，解决复杂多变的问题；二是给别人留余地，无论在什么情况下，都不要把别人推向绝路，万不可逼人于死地，迫使对方做出极端反抗，导致事情的结果对彼此都无好处。这对我们为人处世有很大的指导作用。

第七章

❋

———

我能想到最浪漫的事，
就是和你一起慢慢变老

❋ ❋ ❋ ❋

　　相爱时要珍惜，在爱情中，不要过于计较得失，
岁月赠予你无限繁花，爱将成为生生世世的延续，
千回百转遇到的这个人定是你最终的归属。

❋

❀ ❀ ❀ ❀

惊鸿一瞥，在最美的时光遇见你

张小娴曾说："爱上一种味道，是不容易改变的。即使因为贪求新鲜，去尝试另一种味道，始终还是觉得原来的味道最好，最适合自己。"

谁是最适合我的人？谁是能与我白头到老的人？我们在一生中面临选择时，总会问自己这样的问题："谁能与我相伴一生？"

两性间的"捕捉"与追逐是最常见的爱情形式。但爱情是追到手的吗？显然不是。爱情是两个人、两颗心的相互靠近。在你喜欢上他的那一刻，也许他也已经喜欢上你了。

著名乡土作家沈从文说："我这一辈子走过许多地方的路，行过许多地方的桥，看过许多次数的云，喝过许多种类的酒，却只爱过一个正当年龄的人。"这个人指的就是他的妻子张兆和。

沈从文是少数几个拥有世界性声誉的中国现代作家之一。这位杰出的小说家和历史文物研究家一生共出版过30多部短篇小说集和6部中长篇小说。在湘西农村长大的沈从文，只上过小学，在他早期的记忆里，除湘西的贫瘠与秀美风光外，再就是短暂的军旅生涯了。从军期间，他读过一些文学著作，也在北大旁听过一些课程。

没人能体会沈从文初来北京时的惶恐与窘迫：微薄的稿费难以支付房租，断粮的威胁时时存在。为此，他曾多次搬家，也在信中向好友们大吐苦水，"借钱"成了信中必备的内容之一。直到沈从文在中国公学做教师后，这种情况才有所改善。对徐志摩介绍自己到中国公学做教师一事，他深感不安，曾多次向胡适说："先生如果觉得我不称职，随时可以将我赶走。"

然而，沈从文当老师的第一节课上，就认识了后来的结发妻子张兆和。那时，18岁的张兆和聪明可爱、单纯任性，在中国公学曾夺得女子全能第一名。张兆和身后有许多追求者，她把他们编成"青蛙一号""青蛙二号""青蛙三号"……二姐张允和取笑："沈从文大约只能排为'癞蛤蟆第十三号'。"

自卑木讷的沈从文不敢当面向张兆和表白爱情，他悄悄地给张兆和写了第一封情书。从1929年12月开始，短短的半年时间内，沈从文给张兆和写了几百封情书。

"我就这样一面看水一面想你。"他写道，"我求你，以后许可我做我要做的事，凡是我向你说什么时，你都能当我是一个比较愚蠢而还不讨厌的人……"

"你不会像帝皇，一个月亮可不是这样的，一个月亮不拘听到任何人赞美，不拘这赞美如何不得体，如何不恰当，它不拒绝这些从心中涌出的呐喊。你是我的月亮，你能听一个并不十分聪明的人，用各样声音，各样言语，向你说出各样的感想，而这感想却因为你的存在，如一个光明，照耀到我的生活里而起的……"

张兆和曾把沈从文写的几百封情书进行编号，却始终保持沉默。后来学校里起了风言风语，说沈从文因追求不到张兆和要自杀。情急之下，张兆和拿着沈从文的全部情书去找校长理论，当时的校长就是胡适。

张兆和向胡适抱怨说，沈从文的行为已经严重干扰到了自己的学习。胡适则说："沈从文很有才华，我们应该爱惜人才，一起帮助他！"很显然，胡适想成全此事，但张兆和不为所动。

1930年5月，胡适辞去中国公学校长一职，胡适的离开使沈从文无法继续在中国公学任教。决定离开前，沈从文希望自己对张兆和的追求有一个完美的结果。短短几天，张兆和接连收到沈从文寄来的情书，其中有一封竟长达六页。

沈从文数年如一日地坚持追求自己心中的女人。最终，张兆和被他的真诚、痴情打动了，默许了沈从文对自己的追求。

1932年夏天，张兆和大学毕业后回到了苏州的老家。沈从文决定亲自来苏州看望张兆和并向张家提亲。第一次上门，是二姐张允和接待了沈从文，却未见到张兆和本人。他回到了旅馆，一个人躺在床上胡思乱想，满脑子尽是张兆和的音容笑貌。

在苏州停留一周的时间里，沈从文每天一早就来到张家，直到深夜才离开，在这期间，张兆和终于接受了沈从文的感情。

与沈从文订婚之后，张兆和为和心爱的人靠得更紧，只身来到青岛，在青岛大学图书馆工作。专心于写作的沈从文在生活上一塌糊涂，张兆和就悉心照顾他的生活起居。

1933年9月9日，沈从文与张兆和在当时的北平中央公园宣布结婚，但并没有举行任何仪式。他们的新居是北平西城达子营的一个小院子。

张兆和生下第一个孩子的时候，沈从文向一直关心他的胡适先生报喜。《从文家书》中这样记载："兆和已于廿日上午四时

做个情趣高雅的浪漫女人

零五分得了一个男孩子，住妇婴医院中，母子均平安无恙，是释系念。小母亲一切满不在乎，当天尚能各处走动。到了医院方知道女学生作运动员的好处，平时能跳跳蹦蹦，到生产时可太轻便了。"这是一个丈夫对妻子最为动人温馨的描绘。

1946年以后，张兆和和沈从文之间的感情发生了危机。他们的政治见解出现了明显的分歧。

1969年初冬，沈从文要被"下放改造"的前夕，张允和去看沈从文。独自生活的沈从文屋里一片狼藉，东西放得乱糟糟的。张允和走时，沈从文突然说："莫走，二姐，你看！"他从鼓鼓囊囊的口袋里掏出一封皱巴巴的信，面容羞涩而温柔："这是兆和给我的第一封信。"

张允和说："我能看看吗？"

沈从文把信放下来，又把信放在胸前温了一下，并没有给她。沈从文忽然说："兆和的第一封信——第一封。"接着便抽泣起来，快70岁的老头像个小孩一样哭得又伤心又快乐。

张兆和在沈从文逝世后，开始整理沈从文的文稿。她对他们之间的婚姻下了这样一个结语："从文同我相处，这一生，究竟是幸福还是不幸？得不到回答。我不理解他，不完全理解他。后来逐渐有了些理解，但是，真正懂得他的为人，懂得他一生承受的重压，是在整理编选他遗稿的现在。过去不知道的，现在知道了；过去不明白的，现在明白了。他不是完人，却是个稀有的善良的人。"

爱情就是当你知道对方不是自己崇拜的人、明白对方有种种缺点，却仍选择对方，不因他的缺点而否定其全部。爱情，就是惊鸿一瞥，在最美的时光遇见你。

❀ ❀ ❀ ❀

世上最长久的幸福，叫"珍惜"

席慕蓉在诗中这样写道："那时我们并不知道，我们真的谁也不知道，年轻的爱，原来只能像一场流星雨。"

能在茫茫人海中，遇见心灵伴侣，是人生的一大幸事。遇到那个人，不要轻易错过。即便拥有了，也要懂得珍惜。轰轰烈烈的爱情不过是开始，能够经得起平淡的流年才是幸福，别让爱情输给了岁月。

男孩和女孩是一对青梅竹马的恋人。

一天，他们去逛街，路过一家首饰店时，女孩盯着摆在玻璃柜里的一条金项链看了好大一会儿，男孩知道她很喜欢。女孩的皮肤很白，配上这条项链肯定会很漂亮。可他摸摸自己的钱包，脸红了，只好故意装作不知女孩的心思。

几个月后，女孩的生日到了，叫了三五好友一同庆生。饭桌上，男孩喝了不少酒，而后拿出礼物——正是女孩之前看上的心形金项链。女孩高兴地吻了男孩的脸。过了一会儿，男孩憋红了脸，搓着手，低声说："不过，这项链……是铜的……"声音不大，可在场的朋友都听到了。

女孩的脸腾地一下涨红了，把准备戴到脖子上的项链揉成一团，随便放在牛仔裤的口袋里。她端起酒杯，"来，喝酒！"那晚，直到宴会结束，女孩都没有再看男孩一眼。

不久，女孩结识了一个浪漫富有的男人。当男人一次次把闪闪发光的金首饰戴到她身上时，女孩的心被他俘虏了，她觉得自己遇到了对的人。很快，他们在外面租了一间房子，同居了。男人对女孩百依百顺，女孩庆幸自己选择了他。

然而，幸福的日子没能持续下去，女孩发现自己怀孕的同时，男人竟然失踪了。

房东再次催缴房租时，女孩只好带着所有的金首饰去了当铺。当铺老板眯眼看了看，说："你拿这么多镀金首饰来干什么？我这里不收的。"女孩愣住了。突然，老板眼睛一亮，扒开一堆首饰，拿出最下面的心形项链："嗯，这倒是一条真金项链，能当一点钱。"

女孩一看，那不正是男孩在生日宴会上送的"铜项链"吗？当铺老板掂量着那条项链，问她："你打算当多少钱？"女孩什么也没说，一把夺过那条项链离开了。

安意如说："在爱中蓦然回首，那人却在灯火阑珊处，寻找和等待的一方需要同样的耐心和默契，这份坚定毕竟难得，有谁会用十年的耐心去等待一个人，有谁在十年后回头还能看见等待在身后的那个人？我们最常见的结果是，终于明白要寻找的那个人是谁时，灯火阑珊处，已空无一人。"

多么令人感怀的一段话，多么令人揪心的一段话。多少女人，拥有的时候、置身于幸福中的时候，以为幸福在下一个路口，满心欢喜地憧憬着美好向那里奔去。可抵达终点时才发现，那不过是海市蜃楼，再想回过头走一遍来时的路，却已迷失在街头；就算有幸找回了来时的路，风景也早已不复当初。

婚姻登记处，工作人员让一对新人填写信息时，准新娘却突然惊慌失措地跑开了。

这个逃跑的新娘叫方怡。

读书时，他曾向方怡表白，漂亮傲气的她，根本不把他放在眼里。面对他炽热的告白，她不屑地说："我是不会跟你在一起的，我们不是一个世界的人。再说，你这么不起眼的一个人，凭什么追求我？"

他不生气，认真地说："就凭爱，谁都有爱的权利。"方怡没想到，看似平庸的他，竟然会说出这样的话。她盯着他看，然后漫不经心地说："那你就耐心地在后面排队吧！"

那时，方怡喜欢的是那个风一样的男子。终于，毕业前夕的舞会上，风一样的男子向她表白了："我爱你，我想和你在一起。"她被折服了，折服于他的帅气、阳光、阔绰。她与他紧紧拥抱在一起，心甘情愿地被他牵走那颗骄傲的心。回眸中，方怡无意间瞥见了他，维护爱的权利的他，在众人的欢呼声中默默地走开了。

毕业后，风一样的男子漂洋过海去了美国，留给方怡无尽的相思。她痴痴地等着远方的"萧郎"，而追求她的平庸男孩却依然不离不弃。他问她："现在，我在你的心目中有位置吗？"方怡被感动了，决定和他在一起。

可到了真正决定要相伴一生时，方怡却从婚姻登记处逃跑了。她明白，感动不能代替爱情，她不能因为感动而结婚。她给他发了一条信息：对不起，请给我三年时间。

之后的三年，方怡还在思念风一样的男子。最后一年，她也试图跟其他人恋爱，可男人却在酒后打了她。这时，她突然无比怀念那个爱了她数年的他。那一刻，她知道，自己其实早已不爱风一样的男子，爱的只是曾经的感觉。

方怡朝着车站冲去，一路上不停地对自己说："我要站在他面前，大声地告诉他，我要嫁给他。"她想，他听到这番话一定很惊讶。

可当他开门时，方怡分明看到，他身后站着一个漂亮的女孩。男孩为她介绍："这是我女朋友，她来给我过生日。"

她的大脑顿时一片空白，淡淡地说："我出差路过这里，来看看你……"

送方怡离开时，他说："我等了你十年，可你始终没给过我确定的答案，也始终没记住过我的生日。我不想再等下去了，现在的她对我很好。"

方怡转过身，眼泪挂满脸颊。她执着于风一样的男子，把自己困在其中，却错过了最可贵、最该珍惜的感情。可还能怎么样呢？回头，已无路。

生活就是这样：你选择了离开，它也不会因此而止步。或许有时，你会幻想时光可以重来一次，重新选择，面对相同时间里发生相同的故事，不会再重蹈覆辙，不会再走眼前的路。可时光不会倒流，你若不懂得珍惜，没有谁会一直在原地等你。"花开堪折直须折，莫待无花空折枝。"世界上最长久的幸福，叫"珍惜"。

❀ ❀ ❀ ❀

别用痴情赌明天

爱情是很多女人一生的事业，没有爱情，她们会觉得没有婚姻、家庭乃至生活。可男人的爱情，始终是一生最美丽的点缀，很多男人会为事业放弃爱情，这时受伤的往往是痴情的女人。都说男人是泥，女人是水，在男人这片沙滩面前，女人总是不由自主地变成一道势不可当的巨浪，迫不及待地冲来，粉身碎骨也不悔。

无论传统小说还是现实生活，常常看到痴情女人如裹足般忍着疼痛，将自己束缚在一段狭隘的爱情里，一辈子不肯变，也不觉后悔。然而，她们的低三下四、不断乞求与哀怨，只会让男人离她们越来越远，让她们失去自我和尊严。

女孩和一个贫穷男孩相爱了，许诺生生世世在一起。男孩不安于贫穷，执意去远方淘金。她只得送他走，临别时，男孩说："你等我，等我三年，我买大钻戒回来娶你！"

一年、两年、三年，男孩都没回来，却请人带话给女孩："你再等我三年，我赚了大钱回来娶你。"

又是三年。男孩回来了，身边却依偎着另一个女人，女人的肚子里，已怀了男孩的骨肉。男孩拿出一笔钱给女孩："对不起，我不能娶你了，我爱上了别人！"

一句轻浅的"对不起"，女孩六年的青春随流水。午夜梦回，泪水打湿枕头，青春却再也回不来了。

爱情中的女孩，千万别用痴情赌明天。爱情中，谁也不会为你虚设席位。爱就是爱，不爱就是不爱。爱你，就会跟你在一起，无论悲欢苦厄，你们一起面对和承担。不爱，就请他走开，不要让自己枉自等待。爱情，本就是这样简单的一件事。

你可以爱一个男人，但不要把自己的全部都赌进去。世上没有任何一个男人值得你用生命去讨好，乃至把自己的身家性命都搭上。

女人爱得越从容，心便越理智，活得也就越洒脱、越快乐。从容地爱，不仅可以更好地享受爱情，还可以更好地处理爱情与生命中其他因素的关系，让自己在人生中游刃有余。

❀ ❀ ❀ ❀

有些人，终究只是过客

人生的路很长，沿途要经过许多风景，其中不乏让你怦然心动、流连忘返的景致。然而，不是所有你喜欢的风景都属于你，就像林夕笔下所写："谁能凭爱意将富士山私有？"有些风景，只能路过、只能欣赏，然后继续走自己的路。不要固执地不肯放手，真正属于你的，也许在前面的路上。

有些人，彼此间也许只是一个拥抱的距离，却愿用一生的回忆呵护守望，不再向前踏出半步。

她原是他的下属，努力工作只为拿到属于自己的报酬。

初入行时，不懂行规，一个报表，难得她满面涨红。做好了，交上去，他很快就给她返回来，上面用红色的笔勾勾画画，已改得面目全非，却无半句不满与批评，递给她，只温和地笑笑："刚起步，都一样的。别着急，慢慢来。我相信你。"

她红了脸，接过去。泪在眼眶里转，心里却是说不出的情绪，似苦似甜。

私下里，她开始暗暗用功，找来相关的专业书猛啃，一次次找有经验的前辈请教。她的进步之快，让人吃惊。半年后，她的业务已经很棒，在自己的岗位上游刃有余。

他表扬她悟性好，她的头深深地低下去。

她的目光开始有意无意地跟随他转——在他经过的地方、在他停留过的地方。一摞他看过的文件、一只他用过的没洗的水杯，甚至一张他坐了一天仍留有体温的沙发椅，都会让她莫名激动。

梦里开始若隐若现出现他的影子——春日晴好的天空下、绿草如茵的青草地上，他拥着她，跳着优雅的探戈，是她最熟悉的《化蝶》……

好梦易醒，醒来脸上竟是两行冰凉的泪水。

可她不敢说，她知道，横在他们中间的不止一条浅浅的天河。

那次会议，原是安排另一位员工去的。事到临头，那位员工却病倒了。他走过来问她："愿意跟我出去走一趟吗？刚好锻炼一下。"

"愿意！"话一出口，她才被自己吓着，答应得竟如此干脆痛快。

会议在一座美丽的海滨城市举行，整整七天。她的任务并不重，只不过跟着他做做会议记录，偶尔在酒场上随他一起应酬。

第一次看到工作之外的他，身着休闲便装，在酒桌上与客人把酒言欢；第一次听他亮开歌喉，在湖中小船上引吭高歌。一个成功、自信、儒雅的男人，如一枚刚刚好的成熟的果子，蜕去所有的青涩，有的都是滋味绵长的香甜与诱惑。可那已经是别人枝头的果子……

"嗯，明天上午的飞机，估计中午就到家了，你做好饭，我中午回家吃……"他当着她的面，给家中的女人打电话。声音很大，表情兴奋得有些夸张。

她别过脸，心头酸涩。七天了，她多想他走过来，给她一点点哪怕最轻微的表示，让她知道，她所有的心事，他都明白。

可没有。那会儿的他，好像木头、傻子。或是他根本不曾在意。

她讨厌酒，闻到酒味儿就头晕欲吐，可最后一晚的告别宴会上，她却破天荒地向服务员要来酒杯，让她们帮她倒上满满一大杯。他坐在她的旁边，正跟身边的客人们推杯换盏。酒酣耳热，他的思维已经有些微的混乱。

"你胃不好，不能喝。来，给我。"他的声音很低，低得只有他们两个人听到。很低的一句，却似一声惊雷，不容拒绝，那满满的一杯酒已倒进了他的杯里。他继续喝，好像什么事也没有发生过。

她呆呆地坐着，眼眶发酸，很想哭，却只能拼命地抑制。

酒后，很多人拥到歌厅去唱歌，继续最后的狂欢。

他的步态已有些蹒跚。她走近他，听到他粗重的呼吸声，伸手去挽他的胳膊，他的大手，轻轻从她裸露的胳膊上滑过，又迅速移开了，"没事儿，这点小酒，撂不倒我……"

出了酒店，顺台阶而下，走不远，就到了湖边。湖边是干净的白沙滩。他们在那里坐下来，不远不近，半米距离，能听到彼此的呼吸声。深夜的湖边，月光很好，湖上的荷已睡去，却仍把淡淡的荷香毫不吝啬地送过来……

就静静地坐着，他不说话，她亦不说话。

她开始唱歌，邓丽君的《月亮代表我的心》，天上的月亮模糊成一片……

"你这个傻丫头……"他站起来，她也站起来，她看到他眼角那两枚晶莹的小月亮。

"太晚了，该回去了。来，抱抱吧。"他张开双臂，轻轻地拉她入怀，一个浅浅的拥抱，又轻轻放开。接着，他们回房间，各自睡去。

后来，她从他的公司辞职去了另一个城市，嫁人，生子。

一个浅浅的拥抱，是生命里一杯淡淡的香茗，最初的回味是舌尖上轻微的苦涩，之后是悠长的芳香与温暖。爱情是世界上最美好的情感，爱本身并无对错，每个人都有爱人的权利。但前提是在对的时间遇到一个对的人。只有属于自己、适合自己的爱情，才会真正酝酿出最怡人的、香醇的、爱的佳酿。

有些女人总走不出自己设置的感情陷阱，念念不忘地奔赴旧情，甚至期待破镜重圆。其实，对于曾经相爱却最终分手的旧情人，最好的方式就是不见；对于曾经暗恋的人，不妨也让对方静静地留在自己的记忆里。唯有这样，才能保留曾经的美好。请记住：有些爱情，是用来收藏的。而有些人，只适合怀念。

❀ ❀ ❀ ❀

优雅地爱，优雅地被爱

所谓"优雅地爱与被爱"，并非摆出一副满不在乎，好像"看破"爱情和红尘的模样，而是当爱情来时，善待它；当爱情不在时，留下美好回忆，自己治愈自己，继续相信幸福终会来临。

赫本的感情之路走得并不顺畅，但即便如此，她对待爱情也始终怀着一颗执着的心，每段恋爱、婚姻都投入全部的真心实意。最后的岁月里她遇到了"灵魂伴侣"罗伯特·沃德斯，两人虽未成婚，罗伯特·沃德斯却一直陪伴她走到生命的尽头。

赫本一生中只有一次短暂的婚姻。1928年，她与一位名叫勒德格·史密斯的保险经纪人结婚，因对方长期在法国的格勒布尔读书，这桩婚姻只维持了几年，两个人就劳燕分飞。

赫本与男影星屈赛缠绵相爱了26年，但这对有情人最终未成眷属。有人说这是赫本人生中的憾事，但她却说："我从没想过要嫁给他。"

当赫本与屈赛相遇时，他早已结了婚，并且是两个孩子的父亲。抛弃妻子和残疾儿子与另一个女人结婚，将令他背负深深的负罪感。尽管他深爱赫本，且很早之前就与妻子分居了，但他永远也不会离婚。赫本清楚地知道这点，所以从不对屈赛提出过分的要求，也不在他面前流露因他拒绝离婚给自己带来的伤害和痛苦。

屈赛逝世前的日子里，只有赫本陪伴着这个孤寂、灵魂饱受摧残的老人。屈赛是在情人的怀里闭眼的。他在遗嘱中说，所有遗产都留给妻子和孩子，而留给赫本的，只是美好的回忆。

人生的最后20年，赫本几乎都隐居在瑞士的一个小镇上，她不像同时代的女星那样竭力保持美貌。如非必要，她从不化妆，她对来访的人说："我希望你不要介意，因为这是我的时间。"

赫本平时不戴珠宝，并毫不犹豫地把从前名动天下的衣服全部送人；她甚至不戴手表，但从不迟到，她有一种天生守时的本性——"我不想自己慌张匆忙"。她喜欢吃美食，尤其喜欢巧克力，但"绝对不会过量"。平时她穿合身的衬衣、牛仔裤；她喜欢花，会在花园待上一整天。天气好时她会招呼朋友们在院子里吃饭，走道上的紫色薰衣草芳香扑鼻，四只小狗欢快地奔跑着……

1980年冬天，奥黛丽·赫本遇到了罗伯特·沃德斯，他们是在赫本的好友康妮·沃尔德比利弗山庄的家中相识的。那一年，赫本51岁。

当时两个人都是伤心人。罗伯特还处在失去妻子的悲痛中，赫本倾听、分担着罗伯特的思妻之情。这是赫本和罗伯特第一次坐下来谈心。

"赫本与沃德斯是注定会相遇的。"康妮后来这么说。

他们一见面就被彼此吸引住了。赫本的容貌和气质让罗伯特想起了亡妻。赫本和罗伯特都经历了感情的创伤和"二战"的炮火。他们都是荷兰人，同样的气质增加了彼此的吸引力。他们同样敏感，与陌生人相处时总小心翼翼，一旦彼此熟悉后，就显露出幽默风趣的一面。

1981年，罗伯特住进赫本在瑞士的家，开始他们的同居生活。在赫本生命最后的12个年头，她都与罗伯特生活在一起。他们在很多方面都很相似，但并不是完全的举案齐眉、相敬如宾，生活中偶尔也会爆发气氛紧张的小争吵。好在，他们都是温和、谦让的人，在爱与宽容的大前提下，他们不会任由争吵升级。

在爱情中，赫本唯一懂得的就是无怨无悔地付出。即使感情消逝，她也从没失态过，或喋喋不休地说着自己受的委屈和前任伴侣的过错。她的胸怀和气度，以及对真善美的不懈追求，使她成为一名即使失去爱情，也能保持住优雅风范，赢得世人尊重的"公主"。

无论爱情还是婚姻，都需要平等和尊重。每个女人都应该做心理上的"女王"，而不是"灰姑娘"。哪怕再爱一个人，哪怕他真是高贵的"王子"，也要保持理智的头脑，保持一份做女人该有的骄傲，不要过分殷勤，也不要急于讨好。爱得不卑不亢，才能赢得男人的爱和尊敬，才能掌握爱情的主动权。

❀ ❀ ❀ ❀

爱一个人之前，请先好好爱自己

梁晓声曾在一篇文章中写道："倘若有轮回，我愿自己来世为女人。不祈祷自己花容月貌，不敢做婵娟之梦；我想，我应是寻常女人中的一个。那么，假如我是一个寻常的女人，我将一再地提醒和告诫自己——决不用全部的心思去爱任何一个男人。用三分之一的心思就不算负情于他们了。另外三分之一的心思去爱世界和生活本身。用最后三分之一的心思爱自己。"

用三分之一的心思爱自己，这番话说得多么令人动容。可世间能做到这一点的女人，哪怕仅仅留四分之一的爱给自己的女人，也并不多见。尤其在有了家、有了孩子以后，女人大部分的心思都放在了丈夫和孩子身上，心甘情愿地付出，无怨无悔地奉献。

这份爱是伟大的，但却让女人的生命或多或少缺失了一点色彩。当岁月日复一日带走了美好的年华，再寻不到任何蛛丝马迹时，看到斑白的两鬓、岁月在脸上刻下的痕迹，还有未曾实现却始终埋藏在心底的梦之花时，有几人可以毫不犹豫地说"这一生我了无遗憾"？

张婷是个活泼开朗的女孩，大学毕业后她如愿以偿地做了一名导游，走遍了世界上很多的城市。

今年，张婷经人介绍，认识了张建，但她觉得张建对自己总是若即若离，遂追问原因。原来，张建觉得张婷哪里都好，就是工作不够稳定，常常带团一走少则三五天，多则半个月，将来生活在一起，免不了影响以后照顾家。在他的潜意识里，女孩子要在家相夫教子，大量的时间要用来照顾家里。为了让喜欢的人高兴，张婷忍痛放弃了自己心爱的职业，辞职找了一份文员的工作，朝九晚五，中规中矩，成了张建期待的"稳定"上班族。

张建不喜欢张婷"闹腾"的朋友们，张婷就和以前的朋友们断了联系，一门心思过起了二人世界。张建喜欢朴素的女孩，于是，张婷不再化妆，甚至连化妆品也不买了……

但渐渐地，张婷越来越厌倦现在的生活：上班永远重复枯燥乏味的工作；下了班，永远柴米油盐，永远围着张建转。她越来越不快乐，也越来越失去自我了。

张婷反问自己：这样做究竟是为了什么？以前常常带团穿梭在各个城市间，虽然辛苦，但很快乐，每天都有很多乐趣。她静下心来好好思索：恋爱应是让自己更快乐的，可为什么自己恋爱了，找到了心中的他，自己却越来越不快乐了呢？为了讨好张建，自己竟放弃了喜欢的生活方式，过天天重复乏味的无聊生活。爱他就要用自己的全部快乐交换，这到底是爱，还是一种得不偿失？

张婷强烈地感觉到，自己"爱"的方式错了。这种放弃自己的快乐而得到的"爱"不是真正的"爱"，而是一桩失败的交易，她应该好好爱自己，过自己想要的生活，做自己喜欢的工作，交自己志趣相投的朋友，而不是为了一段爱情而抛弃一切。

明白这些后，张婷辞掉了文员工作，对张建说："我爱你，但不能为你完全放弃自己以前的生活。做导游才是我最喜欢的工作。可我为了爱你，将自己弄丢了。所以，从今天开始，我想更爱自己。"

虽没能跟心爱的人在一起，但张婷不后悔。这段经历也让她深深明白了一个道理：先爱自己，才能爱别人。

人要先爱自己，肯定自己，然后再把自己对别人的爱付诸行动。很多行为以爱为名，实际上却是占有欲和支配欲在作祟。爱不是在别人身上实现自己的梦想，也不是借助别人之手满足自己的欲望，爱是肯定、尊重，爱是让自己的自由、快乐、幸福最大限度地实现。只有自己过得好了，才会珍惜这份自由，才会懂得如何去爱别人。所以，爱别人，要先从爱自己开始。

奥修曾说："石头吸引石头，花朵吸引花朵。如此一来，会有一种优雅的、美妙的、充满祝福的关系产生。如果你能得到这样的关系，那将升华为虔诚的祈祷、极致的喜乐。透过这样的爱，你将领悟到神性。"

爱自己，就要诚实地面对自己真实的感受和欲念，选择自己想要的，不曲意承欢，不委曲求全，不因为刻意讨好别人而压抑自己。

其实，爱自己是一种责任，就像爱家人、爱朋友一样。我们只有爱自己、珍惜自己，才能保护自己内心的纯净，才能抵抗太多的诱惑，也才能真诚、健康地爱自己所爱的人，同时也才能保证自己的家庭和事业都向良性而健康的方向发展，这才是生活中真正的幸福。

一位国外知名女星曾说："我不怕自己变老，我获得的智慧和成长是上帝送给我最好的礼物；我不感叹青春的流逝，我只想让自己成为无论几岁都是这个年纪中最棒的女人！"爱自己的女人、懂得取悦自己的女人，无论走到生命的哪个阶段，都是最好的状态。

无论你是资质平平的普通女孩，还是天生丽质的漂亮女人，都请好好地爱自己。这是属于你的权利，也是给你自己创造幸福和快乐的能力。女人只有懂得爱自己，让自己幸福，才有资格让别人去爱、去尊重、去欣赏，也才有能力给别人幸福。爱自己的女人，身上散发出来的正能量，会让每个靠近她的人，感受到从内而外的自信与从容。

弗朗索瓦丝·萨冈说过："总有这样一段年纪，一个女人必须漂亮才能被爱；也总会有这样一段时间，她得被人爱了才更美丽。"请将这段话铭记于心，当你懂得爱自己，就不会再畏惧岁月这把无情的雕刻刀，而是会在岁月中慢慢蜕变出美如珍珠般的光华。

❋ ❋ ❋ ❋

给爱留些独立的空间与自由

在通往幸福的路上，谁都渴望有心爱之人的陪伴。可有些人能一同抵达幸福的终点，有些人却在中途分道扬镳。相爱的刺猬希望朝朝暮暮在一起，彼此亲密无间，最后却付出了生命的代价。若那时它们能彼此保持点距离，也许可以一直相互依偎，不会落得如此凄惨的下场。

爱是需要距离的，恋人之间不可能时刻都亲密无间，否则爱情之花就很可能凋谢。

女人很爱男人，为他放弃了出国的机会、拒绝了"高富帅"的追求。每天上班，她都要他挂着QQ，自己公司里的大事小事总第一时间告诉他。下班时，她提前开车到他单位门口，两个人一起吃晚饭，然后恋恋不舍地告别。谁都看得出，女人对男人的爱很深，可男人心里却有说不出的苦。

男人总对朋友说："不在一起时我会想她，可在一起时又很烦她。周末我想去打球，她却缠着我陪她逛街；下班我想跟哥们聚聚，她却非要跟着，不让抽烟、喝酒，特别扫兴。"

好几次，男人想提出分开一段时间，可话到嘴边又咽下去了，他知道女人对自己是真心的，他也怕错过了眼前人。可她的爱，实在太沉重了，让他有点喘不过气了。

两个人虽还在一起，可跟过去明显不一样了。他变得沉默冷淡。她问什么，他只轻声应和，没表情、没心情。可一听女人说要出差几天，他就变得殷勤起来。

女人怀疑，他爱上了别人。她没有吵闹，而是转身去找了他们最好的朋友。她知道，如果有什么事，朋友一定知道。

朋友笑着对她说："你太多疑了。他之所以高兴，是觉得'自由'了。爱情需要留白，他有自己的交际圈，有自己的'地盘'，你把索要爱情的触角伸向了不该伸的地盘时，他只会觉得你不可理喻。"

她似懂非懂。

朋友问："你听过两只刺猬的故事吗？"

她摇摇头。

朋友给她讲了两只刺猬的故事：

一对刺猬在冬季恋爱了，为了取暖，它们紧紧地拥抱在一起。可每次拥抱时，都把对方扎得鲜血直流。但即便如此，它们也还是不愿分开。最后，它们几乎流尽了身上所有的血，奄奄一息。临死前，它们发誓："若有下辈子，一定要做人，永远在一起。"上天被它们的爱感动了，决定成全它们。来生，它们转世做了人并永远地在一起。他们每天朝夕相处，形影不离，每时每刻都黏在一起，可他们一点都不幸福。因为他们是连体人。

女人半天没有说话，陷入了沉思。想想他以前过的生活：自由支配自己的时间，做自己喜欢做的事，不用事无巨细向她汇报，偶尔喝酒、抽烟……现在，似乎连爱好都被剥夺了，而自己却从未问过他想要什么，希望她怎么做。或许，她真的需要换一种方式去爱了。

当女人给予的爱让男人感到过分沉重时，他们便会想要逃离，"享受"爱情会变成"索取"爱情，两个人的感情也再没有最初的纯美了。

爱情是甜蜜的，但它也有秉性，就如同仙人掌，明明不需要太多水分，如果你因"爱"去拼命浇灌，结果可想而知。想要呵护自己的爱情，就必须掌握爱的秘诀——适当保持距离。真正的爱是有"弹性"的，彼此不是强硬的占有，也不是软弱的依附。相爱的人给予对方的最好礼物是自由，两个自由人之间的爱，拥有"张力"，牢固而不板结，缠绵却不黏滞。没有缝隙的爱是令人生畏的，爱情在其中失去了自由呼吸的空气，迟早会因窒息而"死亡"。

如果你爱上一个人，请给他一点独立的空间和隐私的自由。让爱像风筝一样在天空中飞翔，只要你握紧了手中的线，需要时把他拉回来，让他靠近你，这份爱就不会跑掉，而会永恒。

❋ ❋ ❋ ❋

握不住的爱情，那就放开手吧

不是每朵花都能如期开放，也并非每朵开过的花都能结出果实。对于感情来说，当你爱一个人而得不到回报时，在你付出千般努力也无法得到许诺时，在你因爱而受伤时，就千万别再继续和自己较劲了，不如放手，给彼此自由。否则，带给你的只有无尽的烦恼和痛苦。

普希金是俄国著名的民主主义战士，也是俄国历史上极为有名的诗人，深得广大人民的喜爱。才华横溢的他，却在一场爱情的变故中离世，让人惋惜不已。

1828年，普希金在舞会上认识了18岁的娜达利娅。这个漂亮的女孩犹如刚刚开放的玫瑰，娇艳欲滴，芬芳诱人。多情的普希金见了她之后魂不守舍，认为她就是自己寻找的陪伴终生的另一半。普希金当场向娜达利娅求婚，但遭到了拒绝。普希金并没有因为这次失败而退缩，他开始了漫长的追求之路，终于在1830年实现了心中的梦想。才华出众的普希金和倾城倾国的娜达利娅结合，得到了朋友们的祝福，大家纷纷认为这是郎才女貌的天作之合。

结婚后，普希金陶醉在幸福之中。他向妻子表达爱意的方式，就是他视之为生命的诗歌。可惜，妻子对他的才华并不感兴趣，柔情的诗句在她听来和枯燥的公文一样乏味。一次，几个朋友来普希金家，朗诵普希金写的诗歌，娜达利娅只是礼貌地听着，客气而冷漠地说："朗诵你们的吧，反正我也不听。"她对诗歌的冷淡让朋友们面面相觑。

普希金虽满腹经纶、才高八斗，他的妻子却只贪图物质享受，而且爱慕虚荣。两个人在一起，很难找到共同语言。普希金幸福的日子并未持续多长时间，就被妻子无尽的欲望折磨得疲惫不堪。为维持妻子体面的生活，普希金在短短几年内欠下了6万卢布的巨额债务。高额的债务把浪漫的诗人压得抬不起头，频繁的应酬使他丧失了宝贵的写作时间。在给朋友的信中，他写道："对生活的操心使我没时间感到寂寞，我已没有单身汉时的自由自在地用来写作的时间了。我的妻子非常时髦，这一切都需要钱，而我只能通过写作来获得。写作需要幽静、单独一人……"可作为家庭主妇的娜达利娅从不关心丈夫的感受，她继续出入各个交际场，享受纸醉金迷的生活。

当娜达利娅看到当初崇拜不已的丈夫竟是一个穷光蛋后，开始了漫长的抱怨。后来她感到只懂得长吟短叹的诗人无法再支撑她需要的生活后，便和一个军官打得火热。妻子的变心让自尊心很强的普希金无法接受，他决定采用西方特有的方式，和那个军官决斗，捍卫自己的爱情和尊严。1837年1月27日，两个人的决斗在彼得堡外的黑山进行。决斗中，普希金的心脏停止了跳动。普希金的死，让朋友们十分伤心，也让俄国的文学史上失去了一颗灿烂的新星。

爱情是美好的，可命运总喜欢捉弄感情丰富又十分脆弱的人，小心翼翼地呵护着的情感，瞬间化作过往云烟，留下孤独痛苦的身影在黑夜里徘徊，巨大的心灵创伤让多少痴情的人暗自饮泣、痛不欲生。然而事实是，情感生活是重要的，却并不是生命的全部。我们要做的，应是及时抽身，告别内心的伤痛。生活的道路很长，生命中还有很多值得欣赏的风景。

人生的风景并不是只有一处，在你为逝去的美景哭泣时，眼前可能出现一幅更美的画卷。不要沉溺于过去的情感，失去往往意味着这段情感不适合你，一段更好的感情也许正在等着你。不挥手告别，怎能看到更美的风景？不放下过去，又怎么会获得自由？

放下过去，给彼此自由，让生活更好，这才是一段真正的感情。所以，当你被某段感情烦扰得心力交瘁时，不妨告诉自己：只有放下，才能重获快乐和自由！

❋ ❋ ❋ ❋

相互包容，婚姻才会长久

爱情是个永恒的话题，但是真正懂得其内涵的人并不多。很多恋人，都在以爱的名义互相伤害着对方。

1932年夏天，萧红与萧军相识并相恋，成为一对"只羡鸳鸯不羡仙"的文坛情侣。

他们在风雨飘摇的乱世中相濡以沫，度过了6年的幸福时光。每天，萧军都把萧红留在旅馆中，自己出去找工作，以挣来两个人的生活费。运气好时，他能挣回来馒头和大饼，两个人一顿狼吞虎咽。也有许多时候，萧军一整天也没找到活，两个人便没钱吃饭，只能饿着肚子相拥而眠。日子虽过得艰苦，但两人的内心是幸福的。萧红曾在文章中这样写道："在人生的路上，总算有一个时期中，我的脚迹旁边，也踏着他的脚迹！"那段岁月，是萧红一生中最幸福的时光。

按理说，如此恩爱的他们，理应"执子之手，与子偕老"，然而矛盾和冲突还是产生了。

在家庭关系上，他们都伸张着自己的个性：一个拥有极强的女性自尊和敏感自卑的心；另一个处处表现以我为主的大男子主义、主观自负。两人都不肯为对方做出让步。

于是，萧红只身前往日本，她写信给萧军说："你是这世界上真正认识和爱我的人，而这，正是我自己痛苦的源泉，也是你痛苦的源泉。可我们不能够允许痛苦永久地啮咬我们，所以要寻求各种解决的法子。"虽然受到了伤害，但她依然惦记着萧军的生活："现在我告诉你一件事情，在你看到以后一定要在回信上写明。第一件——要买个软枕头，看过我的信就去买！硬枕头使脑神经很坏。你若不买，来信也告诉我一声，我在这边买两个给你寄去，不贵而且很软。第二件——要买一件当作被子来用的有毛毯子，像我带来的那种，不过更该厚点。你若懒得买，也来信告诉我，也为你寄去。还有，不要忘了夜里不要吃东西……"

分别的日子里，萧军同样对萧红充满怀念，在给萧红的回信中，他写道："花盆在你走后是每天浇水的，可最近忘了两天，它就憔悴了。今天我又浇了它，现在放在门边的小柜上晒太阳。小屋子没有什么好想的，不过，人一离开，就觉得珍贵了……"

他们不是不爱，而是非常相爱，也许正是由于太相爱了，敏感脆弱的心灵才更容易受到伤害。最终二人决然分手，萧红远走香港，年仅31岁便玉殒香江。在生命最后的时刻，萧红说："我爱萧军，今天还爱！我们同在患难中挣扎过，他是个非常优秀的作家，可做他的妻子，却是一件痛苦的事！"

为什么相爱的两个人，却总要伤害对方呢？也许，这也应了电影《危情男女》中的那句话："我们，以爱的名义去伤害爱！"

最隽永的感情，永远都不是成为对方的绳索并以爱的名义互相折磨，而是彼此陪伴，成为对方的阳光。

出嫁前夜，母亲语重心长地对她说："世上没有圆满的婚姻，你要记着他的好，包容他的坏。"

沉浸在幸福与兴奋中的她，嘴上说着"知道"，其实心里并不真的明白。或许，许多事都如此，唯有亲饮那杯水，才知冷暖咸淡。

日子一天天过去，兴奋与激动早已淡化。三年后的某个夜晚，她终于"爆发"了。

劳累了一天的她，回家想喝口热水，却发现饮水机里的水桶早已干涸；坐在沙发上，本想躺下来歇会儿，却看见他的袜子团成一团扔在那儿。她说了太多次"脏衣服要放进卫生间的脏衣篓",可他总像是听不见。凌乱的卧室、客厅、厨房……还有凌乱的心。

做晚饭时,不小心把手切了,鲜血直流,她眼泪止不住地往外冒,一肚子委屈。她索性关了火,把切了一半的菜丢在案板上。冲洗了伤口的她,到药箱里找药,路过梳妆镜时,瞥见一张憔悴怨怒的脸。这一刻,她觉得,婚姻就是爱情的坟墓。

房间里没开灯,她一个人坐在黑暗中。九点钟,他加班回来,吓了一跳。他打开灯,跟她开了句玩笑,之后问:"晚上吃什么?"说着,往厨房走去。

她面无表情,"为什么要我做饭?这样的日子我受够了。我想离婚。"

他在厨房里炒菜,喊着:"你说什么?我听不见。"

她又重复了一遍。这次,他听见了。

他走出来,问:"好好的,怎么说这个?"

她冷笑着说:"好好的?你觉得好,有人给你洗衣服做饭,有人跟你一起还房贷。可我觉得不好,我累了,不想这么过了。"

第二天,她把离婚协议丢到桌子上,让他考虑。之后,她就回了娘家。

一周后,他打电话给她,说同意离婚。只是,他想和她一起吃个饭。他的声音有点低沉,能听出些许伤感和无奈。她以为自己会如释重负,没想到心里却涌起一阵难过:"他就这样不吵不闹地同意了?"

他们相约在一家湘菜馆。几天不见,他瘦了,胡茬让下巴看起来略微发青。他拿出离婚协议给她。她的眼泪在眼眶里打转,心想：从今以后，真的要各自天涯了吗？

"点菜吧！上了一天班，这会儿肯定饿了。"他的语气柔和了许多，眼神好似恋爱时的温柔。

她对服务员说："一份水煮鱼，一份香辣虾。"这两样菜，是她平时最爱吃的。

他笑着说："能不能给我个机会，点个我喜欢吃的？"

"你不爱吃这个吗？"她觉得很奇怪。

"你忘了，我是上海人。我喜欢吃甜的。在一起这么多年，我吃的一直都是自己不喜欢的东西。可你喜欢，我也就跟着吃了。"

她的心像刀绞一样疼，愧疚和自责涌了上来。这些年，她从没有主动问过他喜欢什么，她以为只有自己在付出，可谁曾想到，他竟然每天都在迁就自己。

他说："离婚后，这里的东西都归你，我只带走几件衣服。"

她脸上挂着眼泪，问："你要去哪儿？"真的要告别了，她再也控制不住自己。她只想着，离婚后自己要怎么过，却从未想过他要怎么过。

"我想回上海。我的父母年岁大了，身边也没人照顾。每次与你家人一起吃饭时，我都很想念我的父母。只是，你喜欢这个城市，你的家在这里，我才留了下来。你以后自己过肯定会很辛苦，所以我把这里的一切都留给你，房贷还有一部分，我会继续还。"他不像要离婚，而更像要远行。

她心里很自责，也很不舍。这个与她从相恋到结婚一起走过6年的男人，一直忍受着各种不愉快，包容着各种不完美，离婚时还在替她着想。她为自己的言行感到愧疚，问："你为什么不早点告诉我？"

"唉，我不想让你操心，也不想让你改变什么。"

"你……可以不走吗？"她哭着说。

最后，他们牵着手走出餐厅。她忽然想起母亲当年的那番话："记着他的好，包容他的坏。"回家的路上，她想到那个有点脏、有点乱的家，没有了厌烦，有的只是温暖和思念。

爱情就像跳舞，重要的不是跟上音乐的拍子，而是需要两个人默契的节奏。

长久的婚姻，就要接纳不完美，相互适应、相互包容。当婚姻走过激情期，唯有安静的忍耐和包容，才能让幸福恒久绵长；唯有记着对方的"好"，宽容对方的"坏"，才能在夕阳下"执子之手，与子偕老"，共同走过幸福的一生。

第八章

闲情逸致，
养一片浪漫的春光在心底

❋ ❋ ❋ ❋

　　女人们，请带着诗意的心灵上路，拥有闲情逸致，养一片浪漫的春光在心底，活得简单些，活得自由些。

❋ ❋ ❋ ❋

诗意地栖居，简单地生活

海德格尔说："人，诗意地栖居在大地上。"现实中的我们，若能不为虚妄所动，不为功名利禄所惑，就能体会到自己的真正本性，看清本来的自己，体悟到其中的妙处，感受到生活充满了诗意。

亨利·大卫·梭罗是19世纪美国最具世界影响力的作家、哲学家。1817年7月12日，梭罗出生于马萨诸塞州的康科德城，1837年毕业于哈佛大学，品学兼优。毕业后梭罗回到了家乡，以教书为业。1841年起，他不再教书，转而写作。

梭罗个子不高，但坚实健壮，有浅色的皮肤和一双严肃的蓝眼睛。

1875年7月4日，主张"人应当过一种有深刻内容的返璞归真的生活"的梭罗，独自一人带着一把借来的斧子，来到马萨诸塞州康科德的瓦尔登湖畔的一片树林里，开始了简朴的隐居生活。他亲手搭建小木屋、种庄稼和蔬菜，自己养活自己，与飞禽走兽为邻。劳动之余在湖畔、丛林里散步，观看日出与晚霞，亲近自然、思索人生与生活的真谛。身体力行后，梭罗根据这段隐居生活体验写成了《瓦尔登湖》。

《瓦尔登湖》是梭罗的文学名作，是他在瓦尔登湖畔树林中两年零两个月又两天的生活和思想记录。这是一本清新、健康、引人向上的书，揭示了作者在回归自然的生活实验中发现的人生真谛——如果能满足一个人基本的生活所需，他便可更从容、更充实地享受人生。

　　《瓦尔登湖》中的许多篇幅，是关于动物和植物的观察记录。梭罗花费了大量时间和精力观察鸟类、动物、花草和树木的变化。他把关于自然的观察与体验详细地记录下来，并赋予其通俗的哲学意义。堪称"超验主义实践家"的梭罗，积极倡导一种生活观念，一种与现代物质生活日益丰富对立的简朴的生活方式。

　　有人说："梭罗只是一个复古主义者，主张返璞归真回归自然，放弃现代文明。"事实上，梭罗绝不是传统意义上的隐士。他在书中开宗明义地写道："我到树林子里去，是因为我自己有目的地生活，仅仅面对生活中的基本事实，看看我能不能学会生活要教给我的东西，免得在弥留之际觉得自己虚度了一生。"

　　梭罗在瓦尔登湖边的林中独自生活的这段时间里，来来往往的访客从不间断。他也经常出门走访，回康科德做学术讲演，始终置身于社会大家庭中。他离开瓦尔登湖后，曾一再反对别人模仿自己的行为。他说自己之所以到瓦尔登湖生活了一段时间，完全出于个人的志趣和爱好。

　　通过自己的亲身实践，梭罗发现：一年里，只要工作六个星期，就足够支持生活的必需品——食物、住所、衣服和燃料，余下的时间可以自由自在、安心地读书与思考。在瓦尔登湖畔，梭罗过着一种简单、充实而极富诗意的生活。他坐在一根圆木上吃饭，小鸟偶然飞过来，停在他的胳膊上，啄他手里的土豆。梭罗静静地观察瓦尔登湖上融化的冰层和随着光线变幻的湖面，漫步松树林，与飞禽走兽为邻。他这样寂静，这样寂寞，又这样愉快。

梭罗认为：一个人如果向往简朴的生活，只要心诚，在哪儿都能做得到。心中有"瓦尔登湖"，生活就将变得更有意义、更加幸福。

我们脱离不开社会这个大家庭，可在这个大家庭中，我们也应学会诗意地栖居、简单地生活，给心灵以闲适与自由。

❀ ❀ ❀ ❀

养一片春光在心底，要活得好看

"我的眼前没有光，但我是女人，我要在你的眼睛里活得好看。"这是盲人陈燕的"美丽行动"，也是她精彩人生的心灵之光。活得好看，是一种心态，是一颗热爱生活的心应有的状态。活得好看，不是因为外界要我们如何，而是我们的内心要如何对待生活。

活得好看，是一种精神，是生命的一种美好姿态。女人要把美丽当成自己一生的事业，讲求每个细节的精致：衣服上的每一枚纽扣、就餐时的每一顿饭菜、工作当中的每一处琐碎、生产中的每一个举动……

陈燕是一位有名的盲人钢琴调律师，也是中国音乐家协会钢琴调律学会会员。她游泳考过了深水证；跆拳道晋升到了黄带；开卡丁车、滑旱冰、骑独轮车，还出了书。经过多年拼搏，陈燕开办了自己的调律公司。在第13届残奥会的开幕式上，她还登上了世界舞台。如今她和盲人丈夫的生活幸福惬意，她的美丽人生让人感动。

有先天性白内障的陈燕出生于河北容城，跟随外婆在北京长大。一手抚养她长大的外婆想出许多办法来开发她的听觉和触觉。由于视力上的残疾，陈燕小时候被许多学校拒之门外。

一天，陈燕问外婆："我以后会不会两眼无光很难看，像盲人一样，穿破衣服，手拿破竹竿，摸摸索索地沿街乞讨或卖艺？"

外婆安慰她："就算眼睛瞎了，你一样可以活得好看。"

她又问："我怎样才能活得好看？"

外婆说："哪天你活得不像盲人了，你就好看了。"

她又问："怎样才能活得不像盲人？"

外婆告诉她说："明人做事时，手到哪儿眼就跟着到哪儿。"

小陈燕记下外婆的话，决心要像正常人那样生活。从此以后，她无论切菜还是晾晒衣服，总是手到哪儿，眼睛就跟着望哪儿。也许上天对每个人都是公平的，陈燕的视力不好，但听力特别敏感。

眼睛瞎不瞎，走几步就会露馅儿。可陈燕不一样，她一个人出门，不用牵、不用扶，红灯停、绿灯行，过斑马线比正常人都利索。周围的人看陈燕，果然不再别扭，甚至常常忘记她是一个盲人。

有人问她有什么秘诀，她笑："听呗！"

为了让自己活得更好看，陈燕不满足于现状，还去学骑自行车、跆拳道、通臂拳、游泳、玩滑板车、滑旱冰、开卡丁车……不仅让自己在行动上做到独立，还追求经济上能够自立，于是，她又去学弹钢琴，学调音律。

陈燕的丈夫郭长利也是一位盲人，两个人是北京盲校的同学。据说这段美满的婚姻还是陈燕主动争取来的。这段爱情先是遭到外婆的反对，理由是两个盲人在一起生活谁也不能照顾谁。就连郭长利当时也说："陈燕，我不会给你幸福的！"但陈燕却对郭长利说："我会让你幸福的。"听完陈燕的话，郭长利沉默了。

结婚那天，陈燕在不足九平方米的小屋里对同是盲人的丈夫说："将来我们一定会住上大房子的，很宽敞，在屋子里随便走都不会撞到东西。"

后来，陈燕开办了调律公司，规模不大，但生意还不错。经过多年拼搏，她终于筹到按揭首付款，买了一套一百多平方米的房子。住进新房子那一天，她对丈夫说："我们去照婚纱照吧！"

一对盲人照婚纱照，白费那么多钱给谁看？影楼里的人都觉得奇怪。陈燕甜甜一笑："我是女人啊，我要漂亮给你们看。"陈燕是这么说的，也是这么做的——让自己活得漂亮。

每天早晨出门前，陈燕都要端坐在梳妆镜前，仔细地勾眉线，画眼影，打底粉，涂口红，然后，牵上丈夫的手，美美地出门。人们总能看到两个人的脸上写满了健康和阳光。

陈燕对同样身为盲人的丈夫说："我们是盲人，正常人看我们可能会别扭，所以，哪怕我们自己不能看见，也一定要在正常人的眼里活得好看，不让他们看着别扭，更不让他们瞧不起。"

女人真正的美丽并不是漂亮脸蛋和曼妙身姿能涵盖的。美丽不全在浮华的外表，它是温婉可人的资质，是喧嚣中的晶莹品性，是灵动却不嚣张的才情，是弥久日醇的魅力，是源自健康的蓬勃朝气，是永不褪色的风采。

苏珊大学时读的是数学系，工作后与精密数据和各种程序打交道多年，想来她应是过着理性且一丝不苟的生活。然而，端坐着的苏珊身边总有个洋娃娃，她目光平和，不说话时嘴角也带着微笑，感性而生动。

做手工仿佛是苏珊与生俱来的本领，从给布娃娃做衣服算起，她的手工布艺的"工龄"可不短。

即使在从事忙得人仰马翻的IT行业时，苏珊也还能忙里偷闲做点小手工和女红。哪怕随手拿到的一张纸头，她也巧用心思：剪个图案、做个小动物、折朵小花……公司里乏味的隔断被苏珊装点得很不一样，她的座位上总有可爱、稀奇的小玩意儿，无形中拉近了与同事之间的距离。

在苏珊眼里，手工不只是一种技能，更是一种生活态度，一种令人向往的精致的生活态度。在家里，大到沙发、窗帘，小到不起眼的灯绳，都出自苏珊的巧手，她总是能让生活充满新奇和惊喜。

苏珊乐于布置自己的家。她说："现在太多家庭的装饰常常缺乏特色。市场上提供的精致物品和自己动手做的感觉是完全不一样的，用心去布置家里的每个角落会让家有独特的吸引力。钱可以买来金碧辉煌的装修，但买不来轻松、随意的生活态度。"

女人的一生永远是浪漫的，永远应有童真的东西做点缀，即使到了80岁，也应依然是心里有梦的老太太，活出漂亮的自己。

❀ ❀ ❀ ❀

放慢脚步，适时地停下来拈花微笑

在竞争激烈的当今社会中，很多女人也和男人一样为生活忙碌，为工作奔波。她们把神经绷得紧紧的，不停地向前奔跑，唯恐被快节奏的生活远远地甩在后面。如此一来，为了所谓的"领先"，她们不仅消耗了大量的精力，眼光也变得狭隘短浅——只看见眼前的石头，却看不见前面的路。生命于她们的全部意义似乎只有紧张、忙碌、焦躁和压抑。

在这种时候，女人应试着放慢脚步，移开目光，去仰望天空、高山，走进大自然，让目光因休息而重新变得澄澈、锐利，让灵魂跟得上前行的脚步。

一个自以为成功的年轻人去巴厘岛旅游。由于不小心摔坏了眼镜，他不得不中断行程，叫了出租车返回旅馆。在车上，他向司机询问修眼镜的地方，但司机告诉他："只有到首府才能修好眼镜。"年轻人闻言，随口叹道："这里真是太不方便了。"

司机不以为然地笑了，"这里很少有患近视眼的人，所以并不会感到不便。"闲聊过程中，年轻人决定第二天包谈吐不俗的司机一整天的车，借到首府修眼镜的机会顺便欣赏沿途风光。

司机考虑了一下，同意了。第二天，他们早晨8点准时出发，很快到达了首府。修好眼镜的年轻人在首府逛了一上午后觉得劳累，遂产生了打道回府的想法。年轻人向司机小心地询问道："不好意思，司机先生，如果我现在只想包车半天，不知是否会给您带来极大的不便？"

出人意料的是，司机竟然分外高兴，"没有没有。其实昨天你说要包一整天车的时候，我还犹豫不决呢，若不是因为咱俩聊得来，我是定不会接受全天包车的。"

"为什么？"年轻人感到非常奇怪。

司机解释道："我早就为自己设定好了工作目标——每天赚够600块就收工。而你用1200块包车一整天，这可是我两天的工作量，我会因此失去自己的时间。"

"那你可以明天再休息呀！"年轻人建议道。

司机摇摇头说："这可万万不行，如果做满一整天再休息，慢慢就会衍变成做满一周、一个月再休息，还可能变成做满一整年才能休息，最终就会导致终生不得休息了。"

年轻人听后觉得很有道理，点了点头，又问道："那闲暇时你们都做什么呢？那么多空闲的时间，难道不会感到无聊吗？"

司机哈哈大笑，"怎么会呢？这里好玩的事情可多了，一点都不会无聊。巴厘岛家家有斗鸡的习惯，收工后，我就斗斗鸡，有时陪孩子们一起去广场上放放风筝，或者到海边去打打排球、游游泳，这些都使我感到生活快乐而惬意！"

年轻人听后恍然大悟，不禁回顾起自己的生活来：没日没夜地拼命工作挣钱，但很少按自己真正的意愿好好享受生活。天天想赚够钱后就享受，可事实却是"明日复明日"。房子越换越好、越换越大，却大到只能请人打扫、贵到只有拼命工作，才能还上贷款。于是，为能有更多的时间专心工作，他只好住在公司，有家不归。可这样一来，大房子又有什么意义？自己也变成了房子的"奴隶"、不停转的工作"机器"……

在生活中，要学会选一个时间点，给自己腾出点时间，在这段时间里，什么也不做，什么也不想，更不去忧愁，只尽情享受生活的愉悦。

很多时候，幸福就在身后，在你回头看的那一瞬间！天空、草地、河水、白云、山花……请你回头一看！看生命的足迹！看爱人的目光！别急，多看一会儿！幸福无法快速占有，而需要一点点地累积。

匆忙的女人们，请放慢你们的脚步，让灵魂追随脚步，让身心得到统一，在澄澈中回归自然、回归自我！

❁ ❁ ❁ ❁

在旅行中感受生命的意义

穿梭在拥挤的人潮中，时间久了，心灵亦会被蒙上厚厚的尘埃，不知不觉中迷失了自我。爱自己的女人，会为自己寻找宣泄的舞台，让自然的空气荡涤心灵，让自然的风雨洗尽尘埃。

独自一人走在路上，看陌生的风景，遇到陌生的人，充实而满足，可谓是一种特别的人生体验。这不是一场简单的行走，而是在寻求精神世界的富足，借助行走的时光感悟生活。

年轻时，她以为自己要的，是体贴的丈夫和可爱的孩子。婚后，她却发现，自己既不想要丈夫，也不想要孩子。她人是自由身，心却置于"牢笼"，像被什么东西拴住了一样，动弹不得。这种纠结，让她每天生活在悲伤、恐惧和迷惘里。

某天清晨，她走在上班的路上，忽然下起了大雨。被大雨淋透的她，忍不住大哭起来。她没有去公司，而是返回家在床上躺了一整天。她的脑海里突然冒出一句话："一辈子总该有一回无所畏惧地背起行囊独自旅行。"为给自己时间和空间想清楚，她给上司发了一封邮件，收拾好行囊，又给丈夫打了电话："我想出去散心。"

她一走就是两个月。

她没有到大城市，而是选择了清静的郊外。那里没有城市的车水马龙，没有匆匆忙忙的步伐，一切都很自然淳朴。她住在一间别致的农家院，享受纯天然的农家饭，偶尔骑车到附近的海边散心，或跟着农民们一起下田。晚上在房间里，她听着喜欢的音乐，读着自己喜欢的书，感受到灵魂的重生。

如果生活太疲惫，理不清头绪，想得到暂时的喘息，不妨带上灵魂出去走走。只是，别以为生活在远方，奢望在旅行中找到快乐。要知道，心灵上的束缚和压抑，不是换一个地方就可以改变的。若不能在旅途中寻回自己的初心，走得再远也只是徒劳。女作家苏岑曾说："走遍全世界，也不过是想找一条走向内心的路。"想借助旅行缓解身心的疲惫，就要明白旅行的"意义"所在。

真正成熟并懂得生活的女人，看风景用的不是眼睛，而是心灵。

惠子是一个始终"在路上"的女人：山水洞石、亭台楼阁、花草树木、飞禽走兽……大自然的一切在她眼里，都有钟爱的理由。

旅行的日子里，惠子从不带相机，手机也总是关机状态，她只想避开尘世的纷扰，掸去心中的苦闷，远离世俗的喧嚣，忘却生活的烦恼。坐在一望无际的海边，身处清幽的小径，站在一览无遗的山顶……任由思绪天马行空，再回归心灵。此间快意，无以言表。

有这样一段话："人一定要旅行，尤其女孩。一个女孩，见识很重要，见得多了，自然心胸豁达、视野宽广，会影响你对很多事情的看法。旅行让人见多识广，对女孩来说更是如此，它让你更有信心，不会在物质世界里迷失方向。"所以，当你的心茫然不知所措时，去旅行吧，漫步在行走的时光里，感受生命的意义。

❋ ❋ ❋ ❋

一杯咖啡的温度，一份慵懒的幸福

曾有人说："女人像咖啡，女人不同的特质，犹如咖啡不同的种类。"

浪漫是卡布奇诺——涌起细腻、可爱的泡沫，给人无尽的遐想空间，香醇回甘令人陶醉；韵味是蓝山——优雅动人的体态，悠然的味道，是映在眼睛里、刻在心里的倒影，百转千回；娇媚是哥伦比亚——若有若无，若隐若现，悄无声息地打扰了安静的灵魂，让灵魂再无法平静；温柔是巴西山度士——温和清爽，像含蓄而充满内涵的朋友，在需要时给你安慰和安抚；坚强是浓缩咖啡——在生活的压力下榨出独特的味道，尝起来是浓浓的苦，想起来却是淡淡的香。

其实，女人不只要像咖啡，女人的生活更需要咖啡的种种情调。

徐静经营了一家美式乡村风格的咖啡屋。经典的乡村音乐，让每个走进咖啡屋的人顿感轻松。她说："这间咖啡屋，是我的生意，更是我的栖息地。"

坐在咖啡屋里，看着柔和的光线从墙上精致的壁灯里流泻而出，耳边响起清新的乡村民谣，轻轻地诉说着纯粹的情怀。一杯浓香的咖啡，让夹杂着苦涩的芬芳传遍身体的每个细胞……绝美的情调，细腻的情思，唯有如水的女人，唯有懂得生活、懂得宠爱自己的女人，才能感受得到。

徐静说："咖啡就像有内涵的女人，需要细细地品味。有些年轻女孩为赶时间，又不想直接点冰咖啡，就在热咖啡里加冰。出于尊重，我并未说什么，只是希望每位享受咖啡的顾客，都能真正了解咖啡。"

后来，徐静在咖啡屋的书架上，放了许多自制的咖啡馆期刊，里面附着品咖啡的讲究。

咖啡端上来，先要尝一口纯咖啡。因为每杯咖啡都是经过五年生长才能够开花结果的咖啡豆经过一系列复杂的工序，再由煮咖啡的人悉心调制，若不趁热品一口不加糖、不加奶的纯咖啡，实在可惜。好咖啡微苦，口感醇厚，由奶香到咖啡香，层次分明。

喝咖啡时可配些点心，但不能一手端咖啡杯，一手拿点心，吃一口、喝一口地交替进行。喝咖啡时放下点心，吃点心时放下咖啡杯——这不是矫揉造作。真正优雅的女人，不管何时何地，都会留下一种精致的姿态。

再忙再累，女人也要给自己挤出一点时间，给自己留一块精神的领地，为自己煮一杯温热香浓的咖啡。或在阳光满满的日子里，找一间别致的咖啡屋，在袅袅的香气中调整情绪，宠爱自己，放松一下忙碌日子里紧绷的神经。

❀ ❀ ❀ ❀

打造一个芬芳花园，让浪漫满屋

几乎没有女人是不喜欢花的，绚丽缤纷的花朵总能给人美的享受。所以，居家的女人，可在房间或阳台上养一盆漂亮的花卉或绿植，以丰富生活，增添乐趣，陶冶性情，增进健康。办公室里也可摆放雅致的盆花、盆景等，净化空气又预防辐射，何乐而不为呢？

1.种植鲜花，享受惬意芬芳

在庭院里种植盆栽花卉，要注意对土壤和水分的要求。花的养分要尽量全面，有限的盆土里要保证花卉生长所需要的营养物质；土壤要疏松，持水能力要强，酸碱度要合适，光照条件要好。具备了以上要求，才能养出好看又生命力持久的鲜花。

用花盆养花，浇水多少是关键的环节。水过多或过少都不利于花卉的生长。浇花用水以软水为宜，在软水中又以雨水或雪水最为理想。因为雨水是一种接近中性的水，不含矿物质，用来浇花十分适宜。在雨天接贮雨水用于浇花，能延长花卉的寿命，提高观赏价值，特别是对性喜酸性土壤的花卉。若没有雨水或雪水，可用河水或池塘水。浇花不能使用含有肥皂或洗衣粉的洗衣水，也不能使用含有油污的洗碗水。

浇花时应注意水的温度。不论夏季还是冬季，水温与气温相差太大（超过5℃）都容易伤害花卉。因而浇花用水，最好能先放在桶内晾晒一天，待水温接近气温时再使用。

2.室内插花，创造美观雅致的居家环境

在室内放上几组色彩鲜艳的插花，能增添雅致气氛，使人赏心悦目。

其实插花并不难，难的是如何用鲜花恰到好处地装饰居室，这里面就有学问了。现代人崇尚自然，插花时可将水果、蔬菜等必不可少的食品巧妙地融入花艺中，创造乡村原野的独特气氛，充分表现自然情趣。若客厅的空间较大，又是家人团聚的主要场所，可选一款花色绚丽、花器高挑的插花摆在玻璃茶几上。上有花草，下有蔬菜、水果，通过玻璃的反射，会使整个客厅显得活泼生动。

人们对花器的概念往往局限于花瓶，其实家里任何能找到的容器，无论是玻璃、金属还是陶瓷质地，都可用来插花，有时还会收到意想不到的效果。冬季插花所使用的花器并不一定要透明，相反，用陶瓷器皿做花器会让人感到舒服，颜色最好是明亮的红色、蓝色、金色或银色。

插花时可将多种颜色组合在一起。白色、浅红色与金色、银色的组合，会让人感到温馨、舒适。单独使用一种颜色可使人觉得简洁、轻松，橙色、黄色等都是不错的选择。同时，为更好地营造气氛，建议把色彩欢快又相近的花和饰物组合在一起，蜡烛和金色或银色的细金属链都是插花很好的搭配，还有丝带、铃铛等，甚至可以把一个香薰小炉子摆在已完成的插花作品中间。

发挥你的想象力和创造性，就可以打造出一个芬芳的花园，让浪漫满屋。

❀ ❀ ❀ ❀

做会享受生活的女人

女人要学会享受生活的乐趣。如果生活是一道菜，那么你应该是厨师，酸甜苦辣都由你自己调配。

如今，都市里的"吧"早已超出"酒吧"的范畴，它们已成为都市格调女人休闲消费的新场所。

1."酒吧"：放松身心，享受时尚夜生活

酒吧最早缘于西方，是饮酒为欢之所，人在其中可以消磨时光、排解寂寞。"暗香浮动月黄昏"，可以作为都市酒吧夜生活的写照。当夜幕降临、华灯初上时，酒吧在都市里亮起来，它是夜之景、夜之曲。在轻柔的音乐声中，可一人浅斟独饮，小坐片刻；也可邀三五好友，开怀畅饮，一醉方休。享受闲适和随意，寻觅繁忙都市生活里难得的心灵休憩。

2."书吧"：汲取墨香，感受独有的宁谧氛围

置身于四周高高的书架所围成的空间中，其间摆放着小巧玲珑的桌椅，吧台上有美酒饮品，会让人产生"买书看书品饮，书香酒香交融"的特殊感觉。除了饱读诗书，感受与众不同的书卷气息外，"书吧"里的文娱表演、文学沙龙、作家与读者联谊等活动也非常有益身心健康。

3．"陶吧"：自由自在的"DIY"乐趣

走进"陶吧"仿佛走进文明的源头，墙壁经过处理呈特殊肌理状，流露出原始风情。男男女女围着陶盘，精心编织着另一种梦境，恍如梦幻却又无比清晰。在"陶吧"里，和泥土如此贴近，会使人真正体验到"万物出于斯"的伟大。无论你制作了什么器物，也无论它精致与否，都会有一种成就感。

4．"写吧"：让内心的灵感和思绪充分释放

在一些城市，一种复合式的"写吧"应运而生。夜不能寐的写作爱好者，可以每天待在布置得温馨幽静的环境中，一头扎进成堆的报刊、书籍中，尽情地放松。半开放式的隔间、沙发、电话、冷热饮料、休闲食品一应俱全，既可写作，也可休息。

5．"影吧"：与朋友共度美好的休闲时光

重温昔日的经典电影，少则可坐二三十人，多则可容纳百人的"影吧"在大都市应运而生。泡一壶茶或买一杯咖啡，就可静心观看两三部老电影。尽管"影吧"的屏幕仅为电影院内的四分之一，却能让人感受到比电影院更休闲、更温馨的氛围，品着咖啡的浓香，重温昔日的经典电影，时间仿佛回到了从前。

泡在"吧"里，你无须掩饰自己，悲伤可以得到释放，快乐可以加倍渲染，这就是享受生活的一种方式。

❀ ❀ ❀ ❀

和自己独处，在寂寞中沉淀生命

女人要学会和自己独处，带着思想穿过无数的黑暗深渊，让心灵拥有内在的安详。即使你已习惯身边的喧闹，也不要将自己的心灵堡垒废弃，你需要修葺它，使它更加完善，从而经受住风雨，而独处就是一种修复心灵的途径。

张爱玲曾经写过一段美丽的文字："夜那么长，足够我把每一盏灯都点亮，守在门旁，换上我最美丽的衣裳。"我们都应学会享受孤独，如此才能淡定美丽、幸福满足。

著名歌手刘若英是一个在寂寞中独自芬芳的女人，她从小就品尝了孤单的滋味，长大后独自漂泊，而且常常彻夜不眠。她用歌声吟唱寂寞，在影视剧中传递温暖，在文字中诉说自己的心声。

刘若英由爷爷奶奶带大。他们对刘若英要求十分严格——从小就得站有站相、坐有坐相。那时的她很敏感，童年绝大多数时间里，她什么都不做，安静得像一只受伤的小兔。

那时刘若英还很小。奶奶牵着她的手走到一台黝黑发亮有着黑白键盘的乐器前，把住她的小手在上面抚弄出了无数个音符，然后告诉她："这是钢琴。"后来，奶奶几乎倾尽了私房钱，为刘若英买了一台钢琴。在她称作是"被逼学琴"的那段岁月里，她给自己的第一台钢琴取名"流浪"。

7岁的刘若英第一次问奶奶："我为什么要学钢琴？"

奶奶说："如果有一天，你老公不要你了，你还可以有一技之长，可以养自己、养小孩。"

高中时的刘若英，曾幻想自己成为一个作家，一如她喜爱的三毛和琼瑶。她发现自己起笔时选择的词句精准，永远能恰到好处地表达当时自己的情绪。但与此同时，她也悲哀地发现，她的语言功能退化了，她的嘴永远赶不及她的笔，不知什么时候，她成了一个孤僻、忧郁的人。

刘若英曾一度极端厌世，好在最后醒悟过来，想到自己还有亲人，哪怕已失去全世界，也不能失去亲人。这种被需要的感觉，让她决定好好活下去。

一个意外的机会，刘若英签约进了陈升的公司，从此开始了一个人的漂泊路。她从助理做起：端茶倒水、洗厕所、买便当……当时，她最大的愿望就是某张CD上印着"制作：刘若英"几个字。

三年过去了，助理也做了三年，刘若英曾一度想放弃做歌手，但一想自己如此爱唱歌，又坚持了下来。她说："没有哪份工作是没有委屈的。起码我选择了一个我热爱的工作。在里面受点委屈，我觉得是应该的。"

刘若英幸运地遇到了张艾嘉，之后就有了让她崭露头角的《少女小渔》。但出演《少女小渔》后她又有相当一段时间的沉寂。而这所有的一切都不能和奶奶说，她只能骗奶奶说自己很忙，然后装作自己很忙。那时她常常一个人彻夜不眠，在《一个人的KTV》一书中她写道：

躺在床上也不知道多久了，但就是睡不着，终于决定不再倔强，起来喝杯茉莉花茶。

半夜收到公司同事的一封传真，恭喜我快出片了，我的思绪掉到了过去两年中无数一个人的日子……

看电影一个人，吃饭一个人，逛街一个人，挂急诊一个人，甚至一个人唱KTV。

一个下午，算算自己已经四天没出门，突然很想唱歌。场景是东区热闹的KTV店。

"小姐，有订位吗?"

"小姐，有几位呢?"

"小姐你需要大包厢还是小包厢呢?"

"我，一个人，我需要小包厢。"

我狠狠地唱了三个小时，像办了一场演唱会。唱自己的歌，想着这几年来我的改变。

唱自己的歌，让那些日子一幕幕重现眼前。唱别人的歌，听听别人的心情，想象别人过的日子。最后嗓子终于沙哑了，泪水也终于布满了我的脸颊。只可惜这不是发生在布景壮阔的舞台上，也没有摆着精准的摄影机记录我发自内心的呐喊，我不过是一个人在KTV里扮演平凡女子的悲喜剧。

买了单，我以电影散场的心情走出KTV，天色已是灰黑的了。下班时拥挤的东区，里头有一个这样的我。有歌唱还是好的，即使是自己唱给自己听……

刘若英说自己是个活在当下的人，人生和事业的低谷，更让她懂得珍惜自己要面对的每一部戏和每一首歌。于是，她曾一度变成了工作狂，长期的疲劳和对身体的忽视让她累出了肾炎。对此，她依然微笑着说："我常常会以为我能撑得住。"

生活中的刘若英，素面朝天，偶尔说粗口，将越野车开得飞快，依旧很节省，只在有需求时才逛街，依旧最喜欢待在家里，拆掉门铃，不愿被人打扰……台下的她还是那个刘若英，一个也许永远不会被改变的刘若英。

她只想穿着牛仔裤、白衬衫，每天早上在同一家咖啡馆吃早餐，出门到书店逛一圈。她只想过这样简单的生活。不工作时，她喜欢坐在屋子的角落，低头看着杯子，阳光透过落地窗洒进来，照在她的肩上，还有她手里的奶茶上。

刘若英就是这样一个女子，因寂寞而独立，因独立而美丽。

每个女人其实都活在自己的世界里，永远不可能赶走寂寞。寂寞来了，要让它成为土壤、成为泉水、成为营养，如果你了解它、善待它、喜爱它、享受它，它就会怒放出最美丽、最芬芳的花朵。